よくわかる 電気・電子回路

Electric and Electronic Circuits

著
臼田 昭司
Shoji Usuda

森北出版

はじめに

　本書は，いわゆる電気電子系以外の方に向けた「電気回路」「電子回路」の入門書です．

　一般の機械制御やロボットなど，電気系以外でも電気回路や電子回路を扱う機会は多くあります．しかし，いざそれらを学ぶとなると，電磁気学から電気回路，半導体工学，アナログ/デジタル電子回路まで広範にわたるため，学習へのハードルは非常に高くなってしまいます．そこで本書は，そのような方々が電気回路・電子回路を扱ううえで必要となるトピックスを厳選し，電気電子に関する知識をあまりもっていない方でも理解しやすいようにやさしくまとめました．

　長年にわたり学生に教えてきた経験から，基礎的なことがらをしっかり学ぶことが重要であると考えています．そのため本書では，

- 理論に深入りせず，図を多く用いて説明する
- やさしめの例題や演習問題を多く設けることで，基礎固めをする
- 計算過程を追えるように，例題の解答を丁寧に記載する

ことを心掛けました．

　また，電磁気学を苦手とする方が多いことから，本書は電磁気学の知識をそれほど必要とせずに読めるように配慮しています．ただし，最低限必要な内容や知っておくと理解が深まる部分もあるため，それらについては概要を付録にまとめました．

　本書は各章が独立していますので，自身の興味や関係する分野の章から個別に読むことができます．ですが，自身の知識を確認し直す意味も兼ねて，はじめの 1 章から読み進めることをお勧めします．本書が読者のみなさんの勉学の糧となり，さらなる応用につながるよう，少しでもお役に立つことを願っています．

　最後に，本書執筆の好機を与えていただいた森北出版（株）出版部の藤原祐介部長はじめ，関係部署の方々に感謝いたします．

2024 年 3 月

臼田昭司

目次

CHAPTER ①

直流回路

まずは直流回路を用いて，オームの法則やキルヒホッフの法則などの基本法則と，電気回路の計算法を説明する．これらは交流回路（2，3章）や，オペアンプなどのアナログ回路（6章）でも成り立つ．これらの法則や基本的な考え方はすべての回路の基本となるので，例題を通して具体的な計算方法をしっかりと身につけよう．

1.1 オームの法則

オームの法則は，次節で説明するキルヒホッフの法則とともに，電気回路の基本法則としてもっとも重要な法則である．また，網目電流法（1.5節），重ねの定理（1.7節），鳳・テブナンの定理（1.8節）を導くためのベースとなる法則でもある．

図1.1(a)の直流回路（直流電圧Eと抵抗Rの直列回路）で，直流電圧Eを大きくしていくと抵抗に流れる電流Iが大きくなる．電圧Eと電流Iの関係をグラフにすると，図(b)のようになる．すなわち，電圧Eと電流Iは比例関係になる．これがオームの法則である．図(b)の直線の勾配をG，電圧E_1のときの電流をI_1とすると，勾配Gは

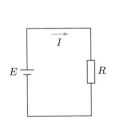

（a）電圧Eと抵抗Rの直列回路

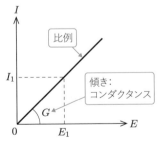

（b）電圧Eと電流Iの関係

図1.1　オームの法則

$$G = \frac{I_1}{E_1} \quad \text{または} \quad E_1 = G \times I_1 \tag{1.1}$$

となる.

直線の勾配 G を $1/R$(抵抗 R の逆数)と置き換え,直線であることから電圧 E_1 と電流 I_1 を E と I とすると,式 (1.1) は

$$\frac{1}{R} = \frac{I}{E} \quad \text{または} \quad E = R \times I \tag{1.2}$$

となる.これがオームの法則の基本式であり,**電圧 E と電流 I は比例関係にあり,比例定数が抵抗 R である**ことを意味する.G は電流の流れやすさを表す量であり,コンダクタンスとよばれる.単位は $[1/\Omega]$ または $[\mathrm{S}]$(ジーメンス)である.

1.2 キルヒホッフの法則

キルヒホッフの法則には,第 1 法則(電流の法則,電流則)と第 2 法則(電圧の法則,電圧則)がある.図 1.2 の電気回路を例に説明しよう.

図 (a) において,キルヒホッフの第 1 法則は**電気回路の節点†に流入した電流の総和と流出した電流の総和が等しくなる**というものである.すなわち,節点 A において,流入した電流の総和は I で,流出した電流の総和は $I_1 + I_2$ であるので,

$$I = I_1 + I_2 \tag{1.3}$$

となる.

次に,図 (b) において,キルヒホッフの第 2 法則は**印加電圧の総和と端子電圧の**

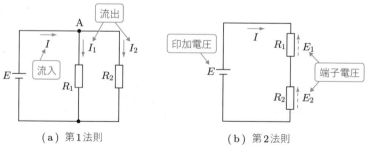

(a) 第1法則　　　　　　　　(b) 第2法則

図 1.2　キルヒホッフの法則

† 電気回路では,電流の流入出する交点を節点という.

総和が等しくなるというものである．すなわち，印加電圧は E，端子電圧は E_1 と E_2 であるので，

$$E = E_1 + E_2 \tag{1.4}$$

となる．

例題 1.1 図 1.3 の回路において，電流 I_1，I_2，I を求めよう．

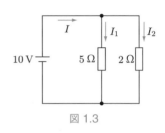

図 1.3

解答

電圧 10 [V] はそれぞれ抵抗 5 [Ω] と 2 [Ω] に加わるので，オームの法則から，

$$I_1 = \frac{10}{5} = 2\,[\text{A}], \quad I_2 = \frac{10}{2} = 5\,[\text{A}]$$

電流 I はキルヒホッフの第 1 法則から

$$I = I_1 + I_2 = 2 + 5 = 7\,[\text{A}]$$

となる．

1.3 抵抗の直列回路

複数の抵抗があり，これらに共通の電流が流れるように接続した回路を直列回路という．

図 1.4 は抵抗を 2 個直列接続した回路である．加える電圧を V，共通に流れる電流を I，各抵抗に生じる電圧（端子電圧）を V_1，V_2 とする．

各抵抗の端子電圧は，オームの法則から

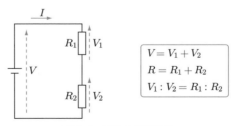

$$V = V_1 + V_2$$
$$R = R_1 + R_2$$
$$V_1 : V_2 = R_1 : R_2$$

図 1.4 抵抗の直列接続

$$V_1 = R_1 I, \quad V_2 = R_2 I \tag{1.5}$$

となる．端子電圧の矢印の向きは電流の向きと逆方向になる．

直列接続した抵抗に加えた電圧 V は端子電圧 V_1 と V_2 の和になる．

$$V = V_1 + V_2 = R_1 I + R_2 I \tag{1.6}$$

また，式 (1.6) より，電流 I は

$$I = \frac{V}{R_1 + R_2} \tag{1.7}$$

なので，合成抵抗を R とすると

$$R = R_1 + R_2 \tag{1.8}$$

となる．

次に，電流 I についての式 (1.7) を式 (1.5) に代入する．

$$V_1 = R_1 I = \frac{R_1}{R_1 + R_2} V, \quad V_2 = R_2 I = \frac{R_2}{R_1 + R_2} V \tag{1.9}$$

これらの式は電圧の分圧の法則を表す．

電圧 V_1 と V_2 の比を求めると，

$$V_1 : V_2 = \frac{R_1}{R_1 + R_2} V : \frac{R_2}{R_1 + R_2} V = R_1 : R_2 \tag{1.10}$$

すなわち，**各抵抗の端子電圧の比は，各抵抗値の比に等しくなる．**

1.4 抵抗の並列回路

複数の抵抗があり，これらに共通の電圧が加わるように接続した回路を並列回路という．

図 1.5 は 2 個の抵抗を並列接続した回路である．共通に加える電圧を V，合成電流を I，各抵抗に流れる電流を I_1, I_2 とする．

オームの法則から，流れる電流は

$$I_1 = \frac{V}{R_1}, \quad I_2 = \frac{V}{R_2} \tag{1.11}$$

となる．

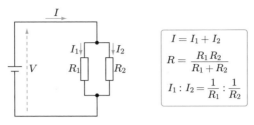

図 1.5　抵抗の並列接続

合成電流は各抵抗に流れる電流の和になるので

$$I = I_1 + I_2 \tag{1.12}$$

となる.

式 (1.12) に式 (1.11) を代入する.

$$I = I_1 + I_2 = \left(\frac{1}{R_1} + \frac{1}{R_2} \right) V = \frac{R_1 + R_2}{R_1 R_2} V \quad \text{または} \quad V = \frac{R_1 R_2}{R_1 + R_2} I \tag{1.13}$$

これより合成抵抗 R は, $V = RI$ より

$$R = \frac{R_1 R_2}{R_1 + R_2} \tag{1.14}$$

となる.

次に, 式 (1.11) に式 (1.13) を代入する.

$$I_1 = \frac{V}{R_1} = \frac{R_2}{R_1 + R_2} I \tag{1.15a}$$

$$I_2 = \frac{V}{R_2} = \frac{R_1}{R_1 + R_2} I \tag{1.15b}$$

この 2 式は電流の分流の法則を表す.

電流 I_1, I_2 の比を求めると,

$$I_1 : I_2 = \frac{V}{R_1} : \frac{V}{R_2} = \frac{1}{R_1} : \frac{1}{R_2} \tag{1.16}$$

となる. すなわち, **並列回路の各抵抗に流れる電流は, それぞれの抵抗値の逆数の比に等しくなる.**

例題 1.2 図 1.6 の直並列接続の a-b 間の合成抵抗 R_ab を求めよう.

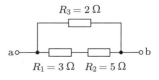

図 1.6 直並列接続

解答

まず,抵抗 R_1 と R_2 の合成抵抗 R_{12} を求める.式 (1.8) から

$$R_{12} = R_1 + R_2 = 3 + 5 = 8\,[\Omega]$$

となり,図 1.6 の直並列接続は図 1.7 の R_3 と R_{12} の並列接続になる.

次に,式 (1.14) より R_3 と R_{12} の並列接続の合成抵抗 R_ab を求める.

$$R_\mathrm{ab} = \frac{R_3 R_{12}}{R_3 + R_{12}} = \frac{2 \times 8}{2 + 8} = \frac{16}{10} = 1.6\,[\Omega]$$

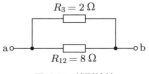

図 1.7 並列接続

1.5 網目電流法

網目電流法は閉路電流法またはループ電流法ともよばれ,閉回路の電流を求める方法である.この方法の例として,図 1.8 の各閉回路にキルヒホッフの法則を適用して,電流 I_1, I_2, I_3 を求めよう.2 つの閉路電流(ループ電流)として I_a と I_b を定義する.

各抵抗に流れる電流 I_1, I_2, I_3 を閉路電流 I_a, I_b を用いて表すと

$$I_1 = I_\mathrm{a} \tag{1.17a}$$

$$I_2 = I_\mathrm{b} \tag{1.17b}$$

$$I_3 = I_\mathrm{a} + I_\mathrm{b} \tag{1.17c}$$

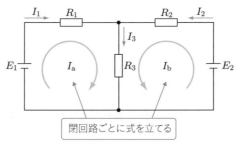

図 1.8 網目電流法

となる.

左右の閉回路について，キルヒホッフの第2法則（電圧則）を適用し，閉路電流 I_a と I_b についてそれぞれ式を立てる.

$$E_1 = R_1 I_1 + R_3 I_3 = R_1 I_a + R_3(I_a + I_b) = (R_1 + R_3)I_a + R_3 I_b$$
$$\tag{1.18a}$$

$$E_2 = R_2 I_2 + R_3 I_3 = R_2 I_b + R_3(I_a + I_b) = R_3 I_a + (R_2 + R_3)I_b$$
$$\tag{1.18b}$$

この2式から I_a と I_b を求める．具体的には，式 (1.18a) の両辺に $(R_2 + R_3)$ を乗じ，式 (1.18b) の両辺に R_3 を乗じて，消去法により I_b を消去して I_a を求める.

$$(R_2 + R_3)E_1 = (R_2 + R_3)(R_1 + R_3)I_a + \overline{(R_2 + R_3)R_3 I_b}$$
$$-)\qquad\quad R_3 E_2 = R_3{}^2 I_a + \overline{R_3(R_2 + R_3)I_b}$$
$$\overline{(R_2 + R_3)E_1 - R_3 E_2 = \left\{(R_2 + R_3)(R_1 + R_3) - R_3{}^2\right\} I_a}$$
$$\tag{1.19}$$

これより，I_a は次のように得られる.

$$I_a = \frac{(R_2 + R_3)E_1 - R_3 E_2}{(R_2 + R_3)(R_1 + R_3) - R_3{}^2} = \frac{(R_2 + R_3)E_1 - R_3 E_2}{R_1 R_2 + R_2 R_3 + R_3 R_1} \tag{1.20}$$

I_b についても同様に，消去法により I_a の項を消去して得ることができる（例題 1.3）.

$$I_b = \frac{R_3 E_1 - (R_1 + R_3)E_2}{R_3{}^2 - (R_2 + R_3)(R_1 + R_3)} = \frac{(R_1 + R_3)E_2 - R_3 E_1}{R_1 R_2 + R_2 R_3 + R_3 R_1} \tag{1.21}$$

例題 1.3　式 (1.18a) と式 (1.18b) から，式 (1.21) の I_b の式を求めよう.

解答

式 (1.20) の I_a の場合と同様に消去法で求める．式 (1.18a) の両辺に R_3 を乗じ，式 (1.18b) の両辺に $(R_1 + R_3)$ を乗じる.

$$R_3 E_1 = \overline{R_3(R_1 + R_3)I_a} + R_3{}^2 I_b$$
$$-)\quad (R_1 + R_3)E_2 = \overline{(R_1 + R_3)R_3 I_a} + (R_1 + R_3)(R_2 + R_3)I_b$$
$$\overline{R_3 E_1 - (R_1 + R_3)E_2 = \left\{R_3{}^2 - (R_2 + R_3)(R_1 + R_3)\right\} I_b}$$

これより

$$I_b = \frac{R_3 E_1 - (R_1 + R_3)E_2}{R_3{}^2 - (R_2 + R_3)(R_1 + R_3)} = \frac{(R_1 + R_3)E_2 - R_3 E_1}{R_1 R_2 + R_2 R_3 + R_3 R_1}$$

が得られる.

例題 1.4 電圧 E_1, E_2, 抵抗 R_1, R_2, R_3 からなる閉回路をもつ図 1.9 において, 各抵抗を流れる電流 I_1, I_2, I_3 を網目電流法で求めよう.

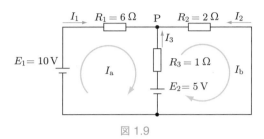

図 1.9

解答

回路の左側の閉回路に流れる閉路電流を I_a, 右側の閉回路に流れる閉路電流を I_b とする. 各抵抗に流れる電流 I_1, I_2, I_3 を閉路電流で表す.

$$I_1 = I_a \tag{1}$$

$$I_2 = -I_b \tag{2}$$

$$I_3 = I_b - I_a \tag{3}$$

次に, 各閉回路において, キルヒホッフの第 2 法則を適用する.

$$10 - 5 = 6I_1 - I_3 = 6I_a - (I_b - I_a) = 7I_a - I_b \tag{4}$$

$$5 = -2I_2 + I_3 = 2I_b + (I_b - I_a) = -I_a + 3I_b \tag{5}$$

この 2 式から消去法で I_a と I_b を求める. 式 (4)×3＋式 (5)×1 として I_a を求めると,

$$3 \times 5 = 3 \times 7I_a - 3I_b$$
$$\underline{+)\quad 5 = -I_a + 3I_b}$$
$$20 = 20I_a$$

これより

$$I_a = 1\,[\text{A}]$$

となるので, この I_a の値を式 (4) に代入すると,

$$5 = 7 - I_b \quad \text{つまり} \quad I_b = 2\,[\text{A}]$$

が得られる.

最後に, 得られた I_a と I_b の値を式 (1)〜(3) に代入する.

$$I_1 = 1\,[\text{A}], \quad I_2 = -2\,[\text{A}], \quad I_3 = I_b - I_a = 2 - 1 = 1\,[\text{A}]$$

なお, I_2 の電流値の符号がマイナスになるのは, 図 1.9 の矢印の方向と逆向きの電流が流れることを意味する.

電圧源と電流源

電圧源とは負荷に電圧を供給する電源で，理想電圧源 V（負荷が変動しても一定の電圧を供給する電源）と内部抵抗 r_v を直列接続した回路で表される（図 1.10(a)）.

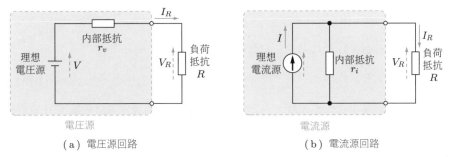

（a）電圧源回路   （b）電流源回路

図 1.10　電圧源回路と電流源回路

電圧源の記号を図 1.11 に示す．図 (a) は直流の場合である．図 (b) は「JIS C 0617」に記載されている理想電圧源の記号で，直流と交流の両方で使用される．極性などのパラメータは記号の近くに表記する．図 (c) は，交流の電圧源を示す．

図 1.10(a) において，負荷に流れる電流 I_R は

$$I_R = \frac{V}{r_v + R} \tag{1.22}$$

となる.

電流源は負荷に電流を供給する電源で，理想電流源 I（負荷が変動しても一定の電流を供給する電源）と内部抵抗 r_i を並列接続した回路で表される（図 1.10(b)）.電流源の記号を図 1.12 に示す．図 (a) の矢印の方向は，直流の場合は電流の流れる方向で，交流の場合は正の値の方向となる．図 (b) は，「JIS C 0617」に記載されている理想電流源の記号で，直流と交流の両方で使用される．図 (c) は交流の場

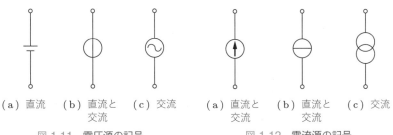

（a）直流 （b）直流と （c）交流   （a）直流と （b）直流と （c）交流
            交流   交流   交流

図 1.11　電圧源の記号   図 1.12　電流源の記号

合で，流れる電流の極性は記号の近くに表記する．

図 1.10(b) において，負荷に流れる電流 I_R は，r_i と R は並列なので電流の分流の法則から

$$I_R = \frac{r_i}{r_i + R} I \tag{1.23}$$

となる．

ここで，式 (1.22) と式 (1.23) において，

$$V = r_i I, \quad r_v = r_i \tag{1.24}$$

という条件が成り立つとしよう．この場合，電圧源と電流源に負荷抵抗 R を接続すると，負荷抵抗 R に流れる電流 I_R が同じになるので，電圧源と電流源が等価であるといえる（図 1.13）．

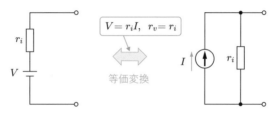

図 1.13　電圧源と電流源の等価変換

例題 1.5　電圧源と電流源，および抵抗を接続した回路がある（図 1.14(a)）．図 (a) の破線で囲まれた部分を図 (b) のように等価変換するとき，電圧源 E と抵抗 R の値を求めよう．

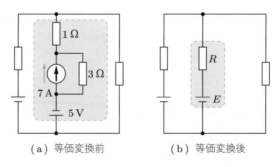

（a）等価変換前　　　　（b）等価変換後

図 1.14

解答

　図 1.13 で説明したように，電圧源と電流源は内部抵抗との直列接続と並列接続で等価変換することができる.

　図 1.14(a) の 7 [A] の電流源およびそれに並列接続された 3 [Ω] の抵抗の部分の等価変換は，図 1.15 の破線の部分のようになる.

　したがって，式 (1.24) より

$$E' = 3 \times 7 = 21 \, [\text{V}], \quad r = 3 \, [\Omega]$$

となるので，図 1.14(b) の E と R の値は

$$E = E' - 5 = 21 - 5 = 16 \, [\text{V}], \quad R = 1 + r = 1 + 3 = 4 \, [\Omega]$$

となる.

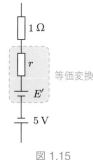

図 1.15

1.7 　重ねの定理

　重ねの定理は，2 個以上の複数の電源がある回路で，回路の任意の点の電流および電圧は，それぞれの電源が単独で存在した場合の値の和に等しいというものであり，重ねの理または重ね合わせの定理ともよばれる.

　この定理を用いることで，1 つの電源だけを残して他の電源を取り除いた分離回路の電流や電圧を解析することを複数ある電源の数の分だけ繰り返し，得られた電流や電圧を合成していけば，元の回路の電流や電源を求めることができる. 電源ごとの分離回路が重なって見えることから，重ねの定理とよばれている.

　回路に複数の電源（電圧源と電流源）がある場合，この定理は，次のような手順で用いられる.

　　Step 1-1：電源が電圧源の場合は 1 つ残し，他の電圧源は短絡する
　　Step 1-2：電源が電流源の場合は開放して除去する
　　Step 2：電源ごとに電流を求める
　　Step 3：電源ごとの電流の和が，元の回路に流れる電流になる

　電源を 2 つもつ 2 電源回路（図 1.16(a)）で具体的に説明しよう.

　まず Step 1-1 において，回路にある電圧源 E_1 を残し，他の電圧源 E_2 は短絡する（図 (b)）.

次に Step 2 において，各岐路を流れる電流 I_1'，I_2'，I_3' を求める．

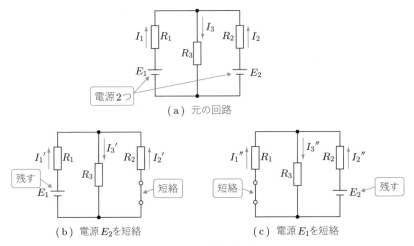

(a) 元の回路

(b) 電源 E_2 を短絡

(c) 電源 E_1 を短絡

図 1.16　重ねの定理

図 (b) は抵抗 R_2 と R_3 の並列接続に抵抗 R_1 が直列接続された直並列回路になるので，電圧源 E_1 からみた合成抵抗 R_A は，

$$R_A = R_1 + \frac{R_2 R_3}{R_2 + R_3} \tag{1.25}$$

したがって，I_1' は

$$I_1' = \frac{E_1}{R_A} = \frac{E_1}{R_1 + \dfrac{R_2 R_3}{R_2 + R_3}} = \frac{(R_2 + R_3)E_1}{R_1 R_2 + R_2 R_3 + R_3 R_1} \tag{1.26}$$

となる．

I_2' と I_3' は，I_1' の分流から

$$I_2' = -\frac{R_3}{R_2 + R_3} I_1' = -\frac{R_3 E_1}{R_1 R_2 + R_2 R_3 + R_3 R_1} \tag{1.27}$$

$$I_3' = \frac{R_2}{R_2 + R_3} I_1' = \frac{R_2 E_1}{R_1 R_2 + R_2 R_3 + R_3 R_1} \tag{1.28}$$

となる（I_2' の符号に注意）．

再び Step 1-1 に戻り，電圧源 E_2 を残して他の電圧源 E_1 は短絡し（図 (c)），各岐路を流れる電流 I_1''，I_2''，I_3'' を求める（Step 2）．

図 (c) は抵抗 R_1 と R_3 の並列接続に抵抗 R_2 が直列接続された直並列回路にな

るので，電圧源 E_2 からみた合成抵抗 R_B は，

$$R_\mathrm{B} = R_2 + \frac{R_1 R_3}{R_1 + R_3} \tag{1.29}$$

したがって，$I_2{}''$ は

$$I_2{}'' = \frac{E_2}{R_\mathrm{B}} = \frac{E_2}{R_2 + \dfrac{R_1 R_3}{R_1 + R_3}} = \frac{(R_1 + R_3)E_2}{R_1 R_2 + R_2 R_3 + R_3 R_1} \tag{1.30}$$

となる．

$I_1{}''$ と $I_3{}''$ は，$I_2{}''$ の分流から

$$I_1{}'' = -\frac{R_3}{R_1 + R_3} I_2{}'' = -\frac{R_3 E_2}{R_1 R_2 + R_2 R_3 + R_3 R_1} \tag{1.31}$$

$$I_3{}'' = \frac{R_1}{R_1 + R_3} I_2{}'' = \frac{R_1 E_2}{R_1 R_2 + R_2 R_3 + R_3 R_1} \tag{1.32}$$

となる（$I_1{}''$ の符号に注意）．

最後に，Step 3 として電流の和を求める．元の回路（図 1.16(a)）の各岐路に流れる電流 I_1, I_2, I_3 は，図 (b) の各岐路に流れる電流 $I_1{}'$, $I_2{}'$, $I_3{}'$ と図 (c) の各岐路に流れる電流 $I_1{}''$, $I_2{}''$, $I_3{}''$ の和になる．すなわち

$$I_1 = I_1{}' + I_1{}'' = \frac{(R_2 + R_3)E_1 - R_3 E_2}{R_1 R_2 + R_2 R_3 + R_3 R_1} \tag{1.33a}$$

$$I_2 = I_2{}' + I_2{}'' = \frac{(R_1 + R_3)E_2 - R_3 E_1}{R_1 R_2 + R_2 R_3 + R_3 R_1} \tag{1.33b}$$

$$I_3 = I_3{}' + I_3{}'' = \frac{R_2 E_1 + R_1 E_2}{R_1 R_2 + R_2 R_3 + R_3 R_1} \tag{1.33c}$$

となる．

例題 1.6　電圧源と電流源，抵抗からなる図 1.17 の直流回路において，抵抗 R_5 に流れる電流 I の値を重ねの定理で求めよう．

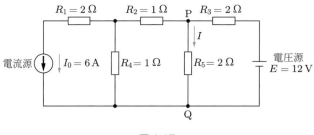

図 1.17

解答

　重ねの定理では，電圧源は短絡，電流源は開放する．この例題は，電圧源と電流源の両方が入った回路である．

　最初に電流源を開放して（図 1.18(a)），電流 I_a を求める．まず，抵抗 R_2 と R_4 の直列接続の合成抵抗（破線で囲まれた部分）は

$$R_{24} = R_2 + R_4 = 1 + 1 = 2 \,[\Omega]$$

である（図 (b)）．電圧源 E からみた合成抵抗 R_a は，R_{24} と R_5 を並列接続したものに，R_3 を直列接続したものになる．すなわち，

$$R_a = R_3 + \frac{R_{24}R_5}{R_{24} + R_5} = 2 + \frac{2 \times 2}{2 + 2} = 3 \,[\Omega]$$

となる．したがって，図 (b) の回路において電源 E から流れる電流 I' は

$$I' = \frac{E}{R_a} = \frac{12}{3} = 4 \,[\text{A}]$$

となる．

　抵抗 R_5 を流れる電流 I_a は，電流の分流の法則（☞1.4 節）から

$$I_a = \frac{R_{24}}{R_{24} + R_5} I' = \frac{2}{2 + 2} \times 4 = 2 \,[\text{A}]$$

となる．

　次に，電流源を残して電圧源を短絡すると，図 (c) の回路になる．抵抗 R_3 と R_5 の並列接続と抵抗 R_2 が直列接続された合成抵抗を R' とすると（破線で囲まれた部分）

$$R' = R_2 + \frac{R_3R_5}{R_3 + R_5} = 1 + \frac{2 \times 2}{2 + 2} = 1 + 1 = 2 \,[\Omega]$$

になり，図 (d) の回路に書き換えることができる．

　合成抵抗 R' に流れる電流を I'' とすると，分流の法則から

$$I'' = \frac{R_4}{R_4 + R'} I_0 = \frac{1}{1 + 2} \times 6 = 2 \,[\text{A}]$$

となる.

また，電流 I'' は，図 (c) の回路において，抵抗 R_3 と R_5 に分流される．抵抗 R_5 に分流される電流を I_b とすると，分流の法則から

$$I_b = \frac{R_3}{R_3 + R_5} I'' = \frac{2}{2 + 2} \times 2 = 1\,[\mathrm{A}]$$

となる.

最後に，電流 I は I_a と I_b を重ね合わせて得られる.

$$I = I_a - I_b = 2 - 1 = 1\,[\mathrm{A}]$$

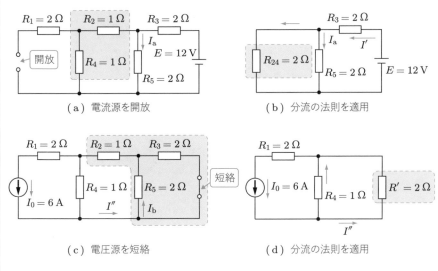

（a）電流源を開放 （b）分流の法則を適用

（c）電圧源を短絡 （d）分流の法則を適用

図 1.18

1.8 鳳・テブナンの定理

鳳・テブナンの定理は電源を含む複雑な回路を等価回路に変換し，ある特定の素子に流れる電流を求めるときに有用な定理であり，テブナンの定理または等価電圧源の定理ともよばれている．等価回路に変換するには，等価電源と等価抵抗を求める．回路上の任意の 2 端子を選んだときに，その間の開放電圧と内部抵抗を用いて等価電圧源とする．等価回路に変換することで，オームの法則を使って簡単に電流を求めることができる.

図 1.19(a) の複数の電源と抵抗からなる回路網を用いて，鳳・テブナンの定理の

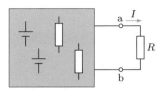

（a）複数の電源と抵抗からなる回路網

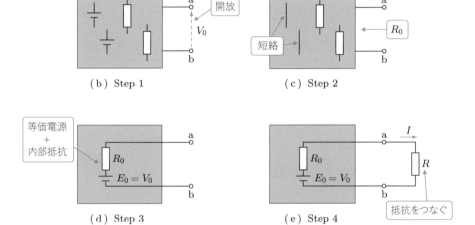

（b）Step 1 　　　　　　　　　　　　（c）Step 2

（d）Step 3 　　　　　　　　　　　　（e）Step 4

図 1.19　鳳・テブナンの定理

使い方を説明しよう．この回路網の端子 a-b 間に抵抗 R を接続したときの抵抗に流れる電流 I を求める手順を示す．

Step 1：抵抗 R を取り除いて端子 a-b 間を開放する（図 (b)）．端子 a-b 間に生じる開放電圧を V_0 とする．

Step 2：回路網の中のすべての電圧源を短絡する．電圧源の起電力を 0 とし（図 (c)），端子 a-b からみたときの回路網の抵抗を R_0 とする．

Step 3：抵抗 R_0 に等しい内部抵抗と，開放電圧 V_0 に等しい起電力をもった等価電源 E_0 の直列接続を仮定する（図 (d)）．

Step 4：等価電源の端子 a-b 間に抵抗 R を接続したとき（図 (e)），抵抗 R に流れる電流 I は図 (a) の電流 I に等しくなる．このとき，電流 I は

$$I = \frac{E_0}{R_0 + R} \tag{1.34}$$

となる．

例題 1.7　内部抵抗 $r = 0.1\,[\Omega]$, 起電力 $E = 9\,[\mathrm{V}]$ の電池 4 個が並列に接続された電源回路に抵抗 $R = 0.5\,[\Omega]$ の負荷を接続した（図 1.20）. 抵抗 R に流れる電流 I を求めよう.

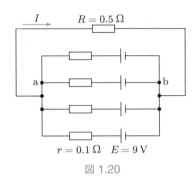

図 1.20

解答

　最初に, 抵抗 R を取り除いて端子 a-b 間を開放する（図 1.21(a)）. このときの端子 a-b 間の開放電圧を V_0 とすると, a-b 間の電源電圧はすべて $9\,[\mathrm{V}]$ なので,

$$V_0 = 9\,[\mathrm{V}]$$

となる.

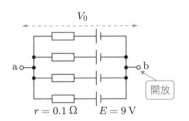

（a）抵抗 R を取り除き, 端子 a-b 間を開放

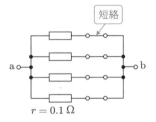

（b）電池の起電力を短絡

a○——▭——|├——○b
0.025 Ω　9 V

（c）等価回路

図 1.21

　次に, 電池のすべての起電力を短絡する（図 (b)）. 端子 a-b からみた回路の抵抗を R_0 とすると, 内部抵抗 r の 4 個並列接続になるので（r が 2 個並列接続された回路がさらに 2 個並列接続された回路となるので）,

$$R_0 = \frac{\dfrac{r}{2} \times \dfrac{r}{2}}{\dfrac{r}{2} + \dfrac{r}{2}} = \frac{r}{4} = \frac{0.1}{4} = 0.025\,[\Omega]$$

となる．したがって，抵抗 $R_0 = 0.025\,[\Omega]$ に等しい内部抵抗を直列にもった等価電源 $E_0 = 9\,[\mathrm{V}]$ に抵抗 R が接続されているとみなすことができる（図 (c)）.

抵抗 R に流れる電流 I は，式 (1.22) より

$$I = \frac{9}{0.025 + 0.5} = \frac{9}{0.525} = 17.1\,[\mathrm{A}]$$

となる.

1.9 電力と効率

1.9.1 電　力

電流が 1 秒間にする仕事（1 秒間に消費する電気エネルギー）を電力という．電力の量記号を P で表し，単位に [W]（ワット）を使う．1 ワットとは，1 秒間に $1\,[\mathrm{J}]$（ジュール）の仕事をする電力 [J/s] である．たとえば，$100\,[\mathrm{W}]$ とは，1 秒間に $100\,[\mathrm{J}]$ のエネルギーを消費する（または，1 秒間に $100\,[\mathrm{J}]$ の仕事をする）ことを表す．

抵抗 $R\,[\Omega]$ に電流 $I\,[\mathrm{A}]$ が Δt 秒間流れたときの電気エネルギー $\Delta Q\,[\mathrm{J}]$ は，抵抗で発熱した熱エネルギーに等しく，ジュールの法則[†] より

$$\Delta Q = I^2 R \times \Delta t \tag{1.35}$$

となる．したがって電力 P は，単位時間あたりに消費する電気エネルギーなので

$$P = \frac{\Delta Q}{\Delta t} = I^2 R = \frac{V^2}{R} = VI\,[\mathrm{W}] \tag{1.36}$$

となる.

このように，電力 $P\,[\mathrm{W}]$ は電圧 $V\,[\mathrm{V}]$ と電流 $I\,[\mathrm{A}]$ の積として表すことができる．

1.9.2 電力量

電力量は電力 P と時間 t の積，または電力を時間的に積算（積分）した総量として定義され，電流のする仕事量に相当する．量記号は W で，単位は $[\mathrm{J}] = [\mathrm{W \cdot s}]$（ワット秒またはワットセカンド）である．総量の大きさによってワット時 $(\mathrm{W \cdot h})$，

[†] 電気抵抗のある導体に電流を流したときに発生する熱をジュール熱という．その発生量は $Q = V \times I \times t\,[\mathrm{J}]$ となり，電圧 $V\,[\mathrm{V}]$，電流 $I\,[\mathrm{A}]$，時間 $t\,[\mathrm{s}]$ に比例する．

キロワット時（kW·h）なども使用される.

$$W = P \times t = I^2 R \times t = \frac{V^2}{R} \times t = VI \times t\,[\mathrm{J}] \tag{1.37}$$

例題 **1.8** 図 1.22 の電気回路において，抵抗 R_1 で消費される電力，および電源（12 [V]）が 0.5 秒間に回路に供給する電力量を求めよう.

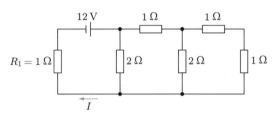

図 1.22 電力と電力量の計算

解答

電流 I を求めるために，電源からみた右側の回路の抵抗の直並列回路の合成抵抗を求める（図 1.23(a)）.

①の合成抵抗：$R_1 = 1 + 1 = 2\,[\Omega]$

②の合成抵抗：$R_2 = \dfrac{2 \times 2}{2 + 2} = 1\,[\Omega]$

③の合成抵抗：$R_3 = 1 + 1 = 2\,[\Omega]$

④の合成抵抗：$R_4 = \dfrac{2 \times 2}{2 + 2} = 1\,[\Omega]$

したがって，図 1.22 の回路は図 1.23(b) のようになり，電流 I は

$$I = \frac{12}{1 + 1} = \frac{12}{2} = 6\,[\mathrm{A}]$$

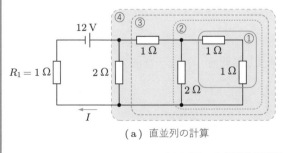

（a）直並列の計算

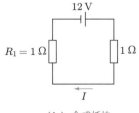

（b）合成抵抗

図 1.23 合成抵抗の計算

となる.

抵抗 R_1 で消費される電力 P は,式 (1.36) から

$$P = I^2 R_1 = 6^2 \times 1 = 36 \,[\mathrm{W}]$$

となる.

また,電源（12 [V]）が 0.5 秒間に回路に供給する電力量 W は,式 (1.37) から

$$W = 12 \times 6 \times 0.5 = 36 \,[\mathrm{W \cdot s}]$$

となる.

1.9.3 最大電力の整合

図 1.24 の回路において,内部抵抗 r,電圧 E の電圧源に負荷抵抗 R を接続したとき,抵抗に供給される電力の最大値は $E^2/4r$ であり,このとき抵抗 R は内部抵抗 r に等しくなる.このように抵抗値を調整することを,**最大電力の整合**という.このことは,**内部抵抗をもつ電源は負荷に無制限に電力を供給できるわけではなく,電源が負荷に供給できる電力には限界がある**ことを意味しており,これを最大供給電力の定理という.

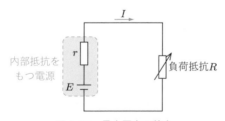

図 1.24　最大電力の整合

負荷抵抗に流れる電流 I は,

$$I = \frac{E}{r + R} \tag{1.38}$$

となる.また,抵抗 R で消費される消費電力 P は,抵抗 R の関数として

$$P(R) = I^2 R = \left(\frac{E}{r + R} \right)^2 R = \frac{E^2 R}{(r + R)^2} \tag{1.39}$$

となる.

ここで，商の微分の公式†を用いると，式 (1.39) の微分は

$$\frac{dP}{dR} = \frac{(r+R)^2 E^2 - E^2 R \cdot 2(r+R)}{(r+R)^4} = \frac{(r+R)E^2 - 2E^2 R}{(r+R)^3} = \frac{(r-R)E^2}{(r+R)^3}$$
$$(1.40)$$

となり，抵抗 R で消費される電力 P が最大 $P_{\max}$ になるのは，

$$\frac{dP}{dR} = 0 \tag{1.41}$$

のとき，すなわち，抵抗 R と内部抵抗 r が等しい

$$R = r \tag{1.42}$$

のときである.

このときの最大電力 $P_{\max}$ は，式 (1.39) から

$$P_{\max} = \frac{E^2 r}{(r+r)^2} = \frac{E^2}{4r} \tag{1.43}$$

となる.

これは，起電力 E と内部抵抗 r の電圧源に接続された負荷抵抗 R への供給電力 P の最大値 $P_{\max}$ は，E と r のみで決まることを意味する.

式 (1.39) の消費電力 P と負荷抵抗 R の関係をグラフにしたものを図 1.25 に示す.

電源が供給する電力 P_{e} に対し，消費される電力 P の割合 η を効率という.

$$\eta = \frac{P}{P_{\mathrm{e}}} \tag{1.44}$$

---

† 関数 $y = f(x)$ が $y = f(x) = u(x)/v(x)$ のように関数の商で与えられるとき，$y = f(x)$ の微分 dy/dx は次式で与えられる.

$$\frac{dy}{dx} = \frac{v(x)\dfrac{du(x)}{dx} - u(x)\dfrac{dv(x)}{dx}}{v(x)^2}$$

式 (1.39) をこの公式に当てはめよう．すなわち，式 (1.39) の分子と分母を次のようにおく.

$$u(R) = E^2 R, \quad v(R) = (r+R)^2$$

それぞれの微分をとる.

$$\frac{du(R)}{dR} = E^2, \quad \frac{dv(R)}{dR} = 2r + 2R = 2(r+R)$$

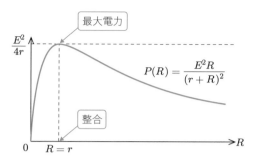

図 1.25　消費電力 P と負荷抵抗 R の関係

ここで，$P_\mathrm{e} = EI = E \cdot \dfrac{E}{r+R} = \dfrac{E^2}{r+R}$ であるので，式 (1.44) は

$$\eta = \frac{P}{P_\mathrm{e}} = \frac{E^2 R}{(r+R)^2} \bigg/ \frac{E^2}{r+R} = \frac{R}{r+R} \tag{1.45}$$

となる．

　この式から，効率のよい電力の供給（または伝送）を目指す場合には，R の値を r よりも十分に大きくとればよいことになる．

　なお，電圧源と整合するとき（$R = r$）の効率は

$$\eta = \frac{R}{r+R} = \frac{r}{2r} = 0.5 = 50\,[\%] \tag{1.46}$$

となる．

例題 1.9　起電力 E，内部抵抗 r の電池が n 個直列接続されており，これに可変抵抗 R が直列接続されている（図 1.26）．可変抵抗 R で消費される電力が最大になるように，可変抵抗の値を調整した．このときに回路に流れる電流 I を表す式を求めよう．

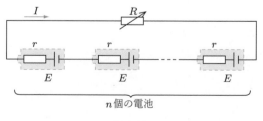

図 1.26

解答

回路に流れる電流 I は

$$I = \frac{nE}{nr + R} \tag{1}$$

となる.

可変抵抗 R で消費される電力が最大になるのは，式 (1.38), (1.42) から

$$nr = R$$

のときなので，式 (1) は

$$I = \frac{nE}{nr + R} = \frac{nE}{nr + nr} = \frac{nE}{2nr} = \frac{E}{2r}$$

となる.

演習問題

1.1 キルヒホッフの第 1 法則と第 2 法則を用いて例題 1.4 を解け.

1.2 問図 1.1 の直流回路の抵抗 R に流れる電流 I_{ab} を，鳳・テブナンの定理を用いて求めよ.

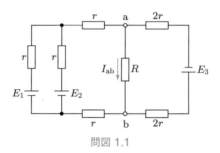

問図 1.1

CHAPTER 2

交流回路 I

👉 前章では直流回路について学んだが，実際の商用電源を考えるうえでは，電圧・電流の方向が周期的に変化する正弦波交流を考えることが重要になる．そこで本章では，交流を表すための便利な表記法や，直流回路の「抵抗」に相当する「インピーダンス」を考える．それらを用いることで，直流回路で学んだ計算方法を交流回路でも利用できるようになる．

2.1 正弦波交流とは

電流および電圧が時間の経過とともに，その大きさと向きが一定の周期で変化するものを交流とよぶ．交流のうち，三角関数（sin または cos）で表されるものを正弦波交流という．正弦波交流を単に交流と表現することもある．

横軸を時間 t，縦軸を電圧 v として正弦波交流をグラフに表すと，図 2.1 のような波形になる．

正弦波交流を式で表そう．電圧の瞬時値 v は，時間を $t\,[\mathrm{s}]$ とすると

$$v = V_m \sin(\omega t + \theta) \tag{2.1}$$

となる．ここで，ω は角周波数または角速度とよばれ，単位は $[\mathrm{rad/s}]$（ラジアン毎秒）である．角周波数は 1 秒間に回転する角度を表す．

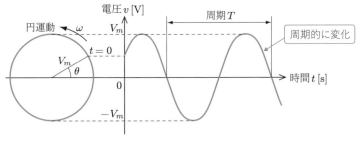

図 2.1 正弦波交流

式 (2.1) の $\omega t + \theta$ は位相または位相角とよばれ，単位は [rad] または [°]（度）である．$t = 0$ のときの θ を初期位相という．ωt は，角周波数 ω [rad/s] で円運動する物体の t 秒後の回転角度である．また，同一周波数の2つの交流の位相の差を位相差という．

図 2.1 で，電圧 v の変化が1周する時間 T を周期という．周期は，円運動する物体が1回転する時間に相当する．

1秒間に物体が回転を繰り返す数を f とすると，

$$f = \frac{1}{T} \text{[Hz]} \tag{2.2}$$

となる．これを周波数といい，単位は [Hz]（ヘルツ）である．

物体が1周円運動したときの角度は 2π [rad] なので，

$$2\pi = \omega T \tag{2.3}$$

となり，これより

$$\omega = \frac{2\pi}{T} = 2\pi f \text{ [rad/s]} \tag{2.4}$$

となる．

正弦波交流の場合は，図 2.1 に示すように，正の波高値（V_m）と負の波高値（$-V_m$）は同じ大きさになる．正負対称の波形の波高値を最大値という．

正弦波交流の正の半周期（$T/2$）の平均値 I_{a+} を求めよう．

$$\begin{aligned}
I_{a+} &= \frac{I}{T/2} \int_0^{T/2} v \, dt = \frac{1}{T/2} \int_0^{T/2} V_m \sin(\omega t) dt = \frac{1}{T/2} \left[-\frac{V_m}{\omega} \cos(\omega t) \right]_0^{T/2} \\
&= \frac{V_m}{\pi} (-\cos \pi + 1) = \frac{2}{\pi} V_m = 0.637 V_m
\end{aligned} \tag{2.5}$$

同様に，負の半周期（$T/2$）の平均値 I_{a-} を求めると，$I_{a-} = -0.637 V_m$ となる．したがって，1周期にわたって平均した値 $I_a = I_{a+} + I_{a-}$ は

$$I_a = 0 \tag{2.6}$$

となる．

交流の電圧や電流は絶えず変化しているため，瞬時値や最大値，平均値では，交流の大きさを判断することが難しい．そこで，直流電力を求めたときと同じ計算方法で交流電力を求めたときの電圧または電流の大きさとして，実効値を定義する．

直流回路の消費電力 P は，抵抗を R，流れる電流を I とすると

$$P = I^2 R \tag{2.7}$$

と表せる（☞1.9.1 項）．

一方，抵抗 R で消費する交流の消費電力 P は，電流 i が 1 周期にわたって繰り返されるので，i^2 の 1 周期分の平均値をとって，

$$P = \underbrace{\frac{1}{T} \int_0^T i^2 dt}_{\text{1 周期分の } i^2 \text{ の平均値}} \times R \tag{2.8}$$

と定義される．この平均電力 P の単位は [W] である．

ここで，上記の式 (2.8) において $\dfrac{1}{T} \displaystyle\int_0^T i^2 dt = I_{\mathrm{RMS}}^2$ とおき，直流の電力の計算と同じように，

$$P = I_{\mathrm{RMS}}^2 \times R \tag{2.9}$$

と表すとき，I_{RMS} を交流電流 i の実効値とよぶ．

式 (2.8) と式 (2.9) を比較すると，**実効値 I_{RMS} は，瞬時値 i の 2 乗を 1 周期にわたって平均したものの平方根**として定義されることがわかる．

$$I_{\mathrm{RMS}} = \sqrt{\frac{1}{T} \int_0^T i^2 dt} \tag{2.10}$$

交流電流（もしくは電圧）を 2 乗すると，瞬時値の正負の値にかかわらず，すべて正の値となる（図 2.2）．

式 (2.10) に $i = I_m \sin(\omega t + \theta)$ を代入して，具体的に I_{RMS} を計算しよう．

$$I_{\mathrm{RMS}} = \sqrt{\frac{1}{T} \int_0^T \left(I_m \sin(\omega t + \theta) \right)^2 dt} = \sqrt{\frac{1}{T} \int_0^T I_m^2 \sin^2(\omega t + \theta) dt}$$

$$= \sqrt{\frac{I_m^2}{T} \int_0^T \frac{1}{2} \left(1 - \cos 2(\omega t + \theta) \right) dt} = \sqrt{\frac{I_m^2}{2T} \left[t - \frac{1}{2\omega} \sin 2(\omega t + \theta) \right]_0^T}$$

$$= \sqrt{\frac{I_m^2}{2T} \left(T - \frac{1}{2\omega} \sin(4\pi + 2\theta) + \frac{1}{2\omega} \sin(2\theta) \right)} = \frac{I_m}{\sqrt{2}}$$

$$= 0.707 I_m \tag{2.11}$$

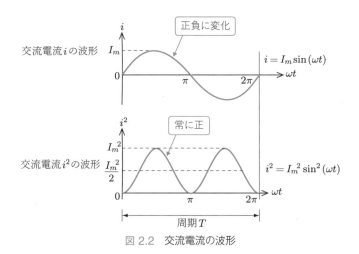

図 2.2　交流電流の波形

ここでは，三角関数の公式：$\sin^2 \phi = \dfrac{1 - \cos(2\phi)}{2}$，$\sin(4\pi + \phi) = \sin \phi$ を用いた.

　上記の計算結果から，実効値と最大値との間には，

$$I_{\mathrm{RMS}} = \frac{I_m}{\sqrt{2}} \left(V_{\mathrm{RMS}} = \frac{V_m}{\sqrt{2}} \right) \quad \text{または} \quad I_m = \sqrt{2} I_{\mathrm{RMS}} (V_m = \sqrt{2} V_{\mathrm{RMS}})$$

(2.12)

の関係が成り立つことがわかる.

2.2　電力の種類

　正弦波交流の v と i を次のように定義する. v と i の間には位相差 θ があるとする.

$$v = V_m \sin(\omega t), \quad i = I_m \sin(\omega t + \theta)$$

(2.13)

このとき，電力 p は

$$p = i \times v = I_m \sin(\omega t + \theta) \times V_m \sin(\omega t) = \frac{1}{2} I_m V_m \left(\cos \theta - \cos(2\omega t + \theta) \right)$$

$$= \underbrace{\frac{1}{2} I_m V_m \cos \theta}_{\text{時間によらず一定}} - \frac{1}{2} I_m V_m \cos(2\omega t + \theta)$$

(2.14)

となる. このように，電力 p は正の一定値 $P = \dfrac{1}{2} I_m V_m \cos \theta$ と正弦波交流の 2 倍

の周波数で正負対称に変化する $p' = \dfrac{1}{2}I_m V_m \cos(2\omega t + \theta)$ との差 $P - p'$ となる.

正弦波交流 v と i, 電力 p, 正の一定値 P の関係を図 2.3 に示す.

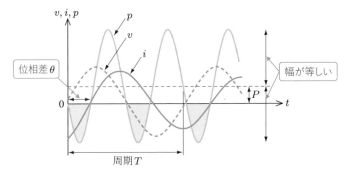

図 2.3　正弦波交流 v と i, 電力 p, 正の一定値 P の関係

次に, 式 (2.14) の電力 p を, 1 周期 $(t = T)$ にわたって平均をとる. 正負対称に変化する p' の平均は

$$\frac{1}{2T}I_m V_m \int_0^T \cos(2\omega t + \theta)dt \tag{2.15}$$

であるが, $\cos(2\omega t + \theta)$ の時間変化は正負対称なので 1 周期の平均は 0 である. そのため, 電力 p の平均は一定値

$$P = \frac{1}{2}I_m V_m \cos\theta \tag{2.16}$$

に一致する. この一定値は有効電力とよばれる. 有効電力は負荷で消費される電力 (消費電力) を意味し, 単位は [W] である.

また, 有効電力 P は, 式 (2.12) を用いて

$$P = \frac{1}{2}V_m I_m \cos\theta = \frac{V_m}{\sqrt{2}}\frac{I_m}{\sqrt{2}}\cos\theta = VI\cos\theta \tag{2.17}$$

と表すことができる†. $\cos\theta$ は力率とよばれ, 負荷が消費する電力の割合を表す.

また, 式 (2.17) において, V と I の積 S を皮相電力という. 皮相電力は交流電源から送り出される電力であり, 単位は [VA] (ボルトアンペア) である.

$$S = VI \tag{2.18}$$

---

† 本節では, 実効値 I_{RMS}, V_{RMS} を単に I, V と表す.

次に，皮相電力 S に $\sin\theta$ をかけたものを無効電力 Q と定義する．単位は [var]（バール）である．

$$Q = VI\sin\theta \tag{2.19}$$

無効電力は交流電源から供給される電力のうち，電力消費なしに交流電源に戻ってくる電力である．すなわち，負荷と交流電源の間を往復しているだけの電力であり，負荷では電力消費がないので，無効電力とよばれる．

　無効電力は位相差 θ が大きいほど大きくなり，位相差 θ を発生させる原因となる負荷のインダクタ成分（誘導性負荷）やキャパシタ成分（容量性負荷）の大きさによって変化する（☞2.5節）．交流電源に負荷としてインダクタやキャパシタを接続すると，インダクタは磁気エネルギーを，キャパシタは静電エネルギーを蓄える．逆に，インダクタやキャパシタは蓄えたエネルギーを負荷から電源に戻し，これを繰り返す．このように，エネルギーは電源と負荷を往復しているだけで，負荷では電力消費することはない．

　有効電力 P，皮相電力 S，無効電力 Q の間には次の関係がある．

$$S^2 = Q^2 + P^2 \quad \text{または} \quad (VI)^2 = (VI\sin\theta)^2 + (VI\cos\theta)^2 \tag{2.20}$$

また，力率 $\cos\theta$ は

$$\cos\theta = \frac{P}{S} = \frac{P}{\sqrt{(VI\cos\theta)^2 + (VI\sin\theta)^2}} = \frac{P}{\sqrt{P^2 + Q^2}} \tag{2.21}$$

と表すことができる．

　有効電力 P，皮相電力 S，無効電力 Q の関係を図 2.4 に示す．

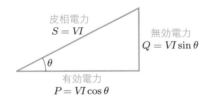

図 2.4　有効電力，皮相電力，無効電力の関係

例題 2.1　交流回路に，電圧 100 [V]，消費電力 30 [W]，力率 60 [%] の蛍光灯が 4 個接続されている．回路に流れる電流値を求めよう．

式 (2.17) から

$$I = \frac{P}{V \cos\theta}$$

となるので，$P = 30 \times 4 = 120\,[\mathrm{W}]$，$V = 100\,[\mathrm{V}]$，$\cos\theta = 0.6$ を代入すると

$$I = \frac{120}{100 \times 0.6} = \frac{120}{60} = 2\,[\mathrm{A}]$$

と求められる．

例題 2.2 皮相電力が $2\,\mathrm{kVA}$ の交流電動機を力率 $\cos\theta = 0.8$ で運転している．有効電力と無効電力をそれぞれ求めよう．

解答

有効電力は式 (2.17) から

$$P = VI \cos\theta = 2000 \times 0.8 = 1600\,[\mathrm{W}] = 1.6\,[\mathrm{kW}]$$

となる．

次に，無効電力は式 (2.20) より

$$Q = \sqrt{S^2 - P^2} = \sqrt{2^2 - 1.6^2} = 1.2\,[\mathrm{kvar}]$$

または，式 (2.19) より，$\sin\theta = \sqrt{1 - \cos^2\theta} = \sqrt{1 - 0.8^2} = 0.6$ を用いて，

$$Q = VI \sin\theta = 2000 \times 0.6 = 1.2\,[\mathrm{kvar}]$$

となる．

2.3 複素表示と極表示

2.3.1 複素表示

交流電圧の複素表示（または複素数表示）とは，

$$v(t) = V_m \sin(\omega t + \theta_v) = \sqrt{2} V_{\mathrm{RMS}} \sin(\omega t + \theta_v) \tag{2.22}$$

のように 3 つのパラメータ V_{RMS}，ω，θ_v で特徴付けられる交流電圧を，複素平面（横軸を実数軸，縦軸を虚数軸にとった平面，ガウス平面ともいう）上の点に対応付けるものである．

交流電圧のもつ上記 3 つのパラメータのなかで，複素平面上の点を指定するために必要なパラメータは V_{RMS} と θ_v の 2 つであるので，この V_{RMS} と θ_v を用いて，角周波数 ω の複素電圧を次式で定義する．

$$V = V_{\mathrm{RMS}}(\cos\theta_v + j\sin\theta_v) = V_r + jV_i \tag{2.23}$$

ここで，$V_r = V_{\mathrm{RMS}}\cos\theta_v$，$V_i = V_{\mathrm{RMS}}\sin\theta_v$，$V_{\mathrm{RMS}} = \sqrt{V_r^2 + V_i^2}$ である．

この実効値 V_{RMS} と初期位相 θ_v を用いて，複素数として複素平面上で表そう．時間領域における問題を複素数の領域に置き換えて，ベクトルの大きさ（実効値）と偏角（初期位相），すなわち信号の振幅と位相のみで表示する．複素平面に作図すると図 2.5 のようになる．これを複素ベクトルという．これは，時間変化を表す ωt を省いた静止状態で表示したものである．このような表現を静止ベクトルともいう．

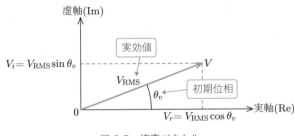

図 2.5　複素ベクトル

<h2>2.3.2　極表示</h2>

式 (2.23) の複素電圧は，三角関数と指数関数および虚数単位 j について成り立つ関係式であるオイラーの公式（$e^{j\theta} = \cos\theta + j\sin\theta$）を用いて

$$V = V_{\mathrm{RMS}}(\cos\theta_v + j\sin\theta_v) = V_{\mathrm{RMS}}e^{j\theta_v} \tag{2.24}$$

のように，自然対数の底 e を用いて指数関数形式に簡略化することができる．このような表現法を極表示（極座標表示）または極形式という．

ここで，初期位相 θ_v は

$$\theta_v = \tan^{-1}\frac{V_i}{V_r} \tag{2.25}$$

より求めることができる．

同様に，電流の実効値 I_RMS，角周波数 ω，位相 θ_i の 3 つのパラメータで特徴付けられる交流電流 $i(t) = I_m \sin(\omega t + \theta_i) = \sqrt{2} I_\mathrm{RMS} \sin(\omega t + \theta_i)$ は，極表示では複素電流 $I = I_\mathrm{RMS} e^{j\theta_i}$ に対応させることができる．

2.4　フェーザ表示とフェーザ図

交流電圧と交流電流の複素数による表現法を，実効値と偏角を表す記号 $\angle$ を用いて表示する表現法をフェーザ表示またはフェーザ形式という．これは，虚数単位 j を用いずに，複素数の振幅 V_RMS（または I_RMS）と初期位相 θ_v（または θ_i）のみに着目した表現である．

$$V = V_\mathrm{RMS}(\cos\theta_v + j\sin\theta_v) = V_\mathrm{RMS} e^{j\theta_v} = V_\mathrm{RMS}\angle\theta_v \tag{2.26}$$

$$I = I_\mathrm{RMS}(\cos\theta_i + j\sin\theta_i)\ = I_\mathrm{RMS} e^{j\theta_i} = I_\mathrm{RMS}\angle\theta_i \tag{2.27}$$

$\uparrow$ 複素表示　　$\uparrow$ 極表示　　$\uparrow$ フェーザ表示

また，フェーザ表示の実効値の大きさを矢印の長さ，初期位相を角度で表した図形をフェーザ図という（図 2.6）．

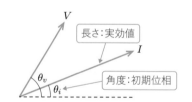

図 2.6　交流電圧と交流電流のフェーザ図

例題 2.3　次の交流電圧の複素表示，極表示，フェーザ表示をそれぞれ求め，フェーザ図を描こう．

$$v = 200\sqrt{2}\sin\left(200\pi t + \frac{\pi}{6}\right)\ [\mathrm{V}]$$

解答
実効値 V_RMS，初期位相 θ_v はそれぞれ

$$V_{\mathrm{RMS}} = \frac{200\sqrt{2}}{\sqrt{2}} = 200\,[\mathrm{V}], \quad \theta_v = \frac{\pi}{6}$$

なので，複素表示は，

$$V_r = 200\cos\frac{\pi}{6} = 200 \times \frac{\sqrt{3}}{2} = 100\sqrt{3}, \quad V_i = 200\sin\frac{\pi}{6} = 200 \times \frac{1}{2} = 100$$

から

$$V = V_r + jV_i = 100\left(\sqrt{3} + j\right)$$

となる．

極表示，フェーザ表示はそれぞれ

$$V = 200\,e^{j\pi/6}, \quad V = 200\angle\frac{\pi}{6}$$

となる．

フェーザ図は図 2.7 のように描ける．

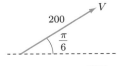

図 2.7　フェーザ図

例題 2.4　　次の交流電圧のフェーザ表示を瞬時値 v で表し，交流電圧の波形のグラフを描こう．ただし，周波数は $f = 50\,[\mathrm{Hz}]$ とする．

$$V = 20\angle -\frac{\pi}{2}\,[\mathrm{V}]$$

解答

最大値は $V_m = \sqrt{2}V_{\mathrm{RMS}}$ より

$$V_m = 20\sqrt{2}\,[\mathrm{V}]$$

となり，角周波数 ω は

$$\omega = 2\pi f = 2\pi \times 50 = 100\pi\,[\mathrm{rad/s}]$$

となるので，交流電圧 v は

$$v = 20\sqrt{2}\sin\left(\omega t - \frac{\pi}{2}\right) = 20\sqrt{2}\sin\left(100\pi t - \frac{\pi}{2}\right)\,[\mathrm{V}]$$

となる．

初期位相は $\theta_v = -\pi/2\,[\mathrm{rad}]$, 周期は $T = 0.02\,[\mathrm{s}]$, 電圧波形の最大値は $V_m = 20\sqrt{2}\,[\mathrm{V}]$ であるので, 交流電圧 v の電圧波形は図 2.8 のように描くことができる.

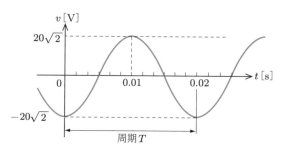

図 2.8 電圧波形

例題 2.5 次の交流電圧の複素表示を, 瞬時値 v とフェーザ表示で表そう. また, 複素ベクトルとフェーザ図を描こう. ただし, 周波数は $f = 50\,[\mathrm{Hz}]$ とする.

$$V = 10 - j10\,[\mathrm{V}]$$

解答

式 (2.12) と $V_{\mathrm{RMS}} = \sqrt{V_r^2 + V_i^2}$ から,

実効値:$V_{\mathrm{RMS}} = \sqrt{10^2 + (-10)^2} = 10\sqrt{2}\,[\mathrm{V}]$

最大値:$V_m = \sqrt{2}V_{\mathrm{RMS}} = \sqrt{2} \times 10\sqrt{2} = 20\,[\mathrm{V}]$

となる.

交流電圧 V の複素ベクトルは図 2.9(a) のように描くことができる. これより, 初期位相 θ_v は $-\pi/4$ となる. または, 式 (2.25) より求めることもできる.

$$\theta_v = \tan^{-1}\frac{V_i}{V_r} = \tan^{-1}\left(\frac{-10}{10}\right) = -\frac{\pi}{4}$$

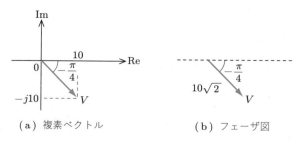

（a）複素ベクトル   （b）フェーザ図

図 2.9

交流電圧の瞬時値 v とフェーザ表示は，角周波数 $\omega = 2\pi f = 2\pi \times 50 = 100\pi$ [rad] となるので，それぞれ

$$v = 20 \sin\left(100\pi t - \frac{\pi}{4}\right) \text{ [V]}, \quad V = 10\sqrt{2}\angle - \frac{\pi}{4} \text{ [V]}$$

となる．

フェーザ図は図 (b) のように描くことができる．

2.5　交流回路のインピーダンス

2.5.1　回路要素

正弦波交流を回路要素である抵抗，インダクタ，キャパシタに加えたときの電圧と電流の関係について説明しよう．

■ 抵抗

回路要素が抵抗のみの回路に，正弦波交流電流を流す（図 2.10）．

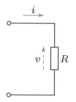

図 2.10　抵抗 R に電流 i を流す

正弦波交流電流を

$$i = I_m \sin(\omega t + \theta_i) \tag{2.28}$$

とすると，抵抗の端子電圧（正波交流電圧）v は，オームの法則から

$$v = Ri = RI_m \sin(\omega t + \theta_i) = V_m \sin(\omega t + \theta_v) \tag{2.29}$$

となる．ここで，$RI_m = V_m$，$\theta_i = \theta_v$ である．

正弦波交流電流 i と正弦波交流電圧 v の瞬時値の変化（波形）を図 2.11 に示す．同じ位相であることを同位相といい，電流 i と電圧 v は同位相で変化する．

フェーザ表示で示すと，

$$I = I_{\text{RMS}}\angle\theta_i, \quad V = R \times I_{\text{RMS}}\angle\theta_i = V_{\text{RMS}}\angle\theta_v \tag{2.30}$$

となる（$V_{\text{RMS}} = RI_{\text{RMS}}$）．フェーザ図を図 2.12 に示す．

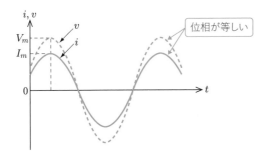

図 2.11 正弦波交流電流 i と電圧 v の波形（抵抗のみの場合）

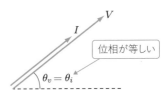

図 2.12 正弦波交流電流 i と電圧 v のフェーザ図（抵抗のみの場合）

■ インダクタ

回路要素がインダクタのみの回路に，正弦波交流電流 i を流す（図 2.13）.

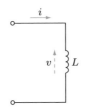

図 2.13 インダクタ L に電流 i を流す

このときのインダクタの端子電圧 v は，

$$v = L\frac{di}{dt} = L\frac{d}{dt}I_m \sin(\omega t + \theta_i) = \omega L I_m \cos(\omega t + \theta_i)$$

$$= \omega L I_m \sin\left(\omega t + \theta_i + \frac{\pi}{2}\right) = V_m \sin(\omega t + \theta_v) \tag{2.31}$$

となる†. ただし，三角関数の公式 $\cos\theta = \sin(\theta + \pi/2)$ を用いた. ここで，$\omega L I_m = V_m$，$\theta_v = \theta_i + \pi/2$ である.

フェーザ表示で表すと

$$V = \omega L I_{\mathrm{RMS}} \angle \left(\theta_i + \frac{\pi}{2}\right) = V_{\mathrm{RMS}} \angle \theta_v \tag{2.32}$$

これより，式 (2.27) を用いて

$$V = \omega L \angle \frac{\pi}{2} \times I_{\mathrm{RMS}} \angle \theta_i = \omega L \angle \frac{\pi}{2} \times I \tag{2.33}$$

---

† $v = L\dfrac{di}{dt}$ の関係は，3.1 節を参照.

となる.

複素表示で表すと，$j = 0 + j1 = 1\angle\dfrac{\pi}{2}$ より

$$V = \omega L \angle \frac{\pi}{2} \times I = j\omega L \times I \tag{2.34}$$

これより

$$I = \frac{V}{j\omega L} = -j\frac{1}{\omega L} \times V \tag{2.35}$$

となる.

ここで，電圧 V と電流 I の比である ωL は直流回路におけるオームの法則の抵抗に相当するもので，リアクタンスとよばれる．リアクタンスを表す量記号は X で，単位は直流回路の抵抗と同じく [Ω] である.

リアクタンスには，誘導性リアクタンス X_L と容量性リアクタンス X_C の 2 種類がある．式 (2.34) の場合，電圧 v は電流 i に対して位相が $\pi/2$ 進むので，$X_L = \omega L = 2\pi f L$ は誘導性リアクタンスとよばれる．誘導性リアクタンスは，周波数 f が増すほど値が大きくなる.

電流 i と電圧 v の瞬時値の変化は図 2.14 のようになる．電圧 v は電流 i より位相が $\pi/2$（90°）進んだ波形となる．フェーザ図は図 2.15 のようになる.

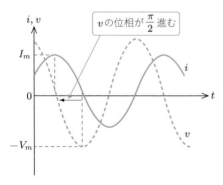

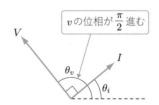

図 2.14　正弦波交流電流 i と電圧 v の波形（インダクタのみの場合）　図 2.15　正弦波交流電流 i と電圧 v のフェーザ図（インダクタのみの場合）

■ キャパシタ

回路要素がキャパシタのみの回路に，正弦波交流電流 i を流す（図 2.16）．

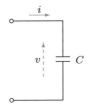

図 2.16　キャパシタ C に電流 i を流す

このときのキャパシタの端子電圧 v と電流 i の関係は，

$$
i = C\frac{dv}{dt} = C\frac{d}{dt}V_m \sin(\omega t + \theta_v) = \omega C V_m \cos(\omega t + \theta_v)
$$

$$
= \omega C V_m \sin\left(\omega t + \theta_v + \frac{\pi}{2}\right) = I_m \sin(\omega t + \theta_i) \tag{2.36}
$$

となる†．ここで，$\omega C V_m = I_m$，$\theta_i = \theta_v + \pi/2$ である．

フェーザ表示で表すと

$$
I = \omega C V_{\mathrm{RMS}}\angle\left(\theta_v + \frac{\pi}{2}\right) = I_{\mathrm{RMS}}\angle\theta_i \tag{2.37}
$$

これより，式 (2.26) を用いて

$$
I = \omega C\angle\frac{\pi}{2} \times V_{\mathrm{RMS}}\angle\theta_v = \omega C\angle\frac{\pi}{2} \times V \tag{2.38}
$$

となる．

複素表示で表すと，$j = 0 + j1 = 1\angle\frac{\pi}{2}$ より

$$
I = \omega C\angle\frac{\pi}{2} \times V = j\omega C \times V \quad \text{または} \quad V = \frac{I}{j\omega C} = -j\frac{1}{\omega C} \times I \tag{2.39}
$$

となる．

式 (2.39) において，電圧 V と電流 I の比である $1/\omega C$ は，キャパシタによる抵抗分に相当するもので，インダクタの場合と同様，リアクタンスとよばれる．この場合，電流 I は電圧 V より位相が $\pi/2$ 進むので，$X_C = \dfrac{1}{\omega C} = \dfrac{1}{2\pi f C}$ は容量性リアクタンスとよばれる．容量性リアクタンスは，周波数が大きくなるほど値が小さくなる．

---

†　$i = C\dfrac{dv}{dt}$ の関係は Appendix B の B.2 節を参照．

電流 i と電圧 v の瞬時値の変化を図 2.17 に示す．電圧 i は電流 v より位相が $\pi/2$（90°）進んだ波形となる．フェーザ図は図 2.18 のようになる．

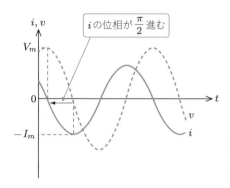

図 2.17　正弦波交流電流 i と電圧 v の波形（キャパシタのみの場合）

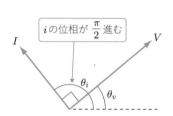

図 2.18　正弦波交流電流 i と電圧 v のフェーザ図（キャパシタのみの場合）

2.5.2　インピーダンス

インピーダンスとは，交流回路における電気抵抗の値を指すもので，抵抗 R とリアクタンス X の合成として以下のように定義される．インピーダンスの量記号は Z で表され，単位は直流回路の場合と同じく [Ω] である．

$$Z = R + jX \tag{2.40}$$

インピーダンスの値は，電圧と電流の比（$Z = V/I$）として求めることができる．リアクタンス X は，$X > 0$ は誘導性リアクタンス，$X < 0$ は容量性リアクタンスとなる．

交流回路が抵抗 R とインダクタ L の直列回路であれば，インピーダンスは

$$Z = R + j\omega L = \sqrt{R^2 + (\omega L)^2} \angle \tan^{-1} \frac{\omega L}{R} = |Z| \angle \theta_Z \tag{2.41}$$

と表される．ここで，$|Z| = \sqrt{R^2 + (\omega L)^2}$，$\theta_Z = \tan^{-1} \dfrac{\omega L}{R}$ である．

抵抗 R とキャパシタ C の直列回路であれば，

$$Z = R + \frac{1}{j\omega C} \left(= R - j\frac{1}{\omega C} \right) = \sqrt{R^2 + \left(\frac{1}{\omega C} \right)^2} \angle \tan^{-1} \frac{1}{\omega C R}$$

$$= |Z| \angle \theta_Z \tag{2.42}$$

と表すことができる．ここで，$|Z| = \sqrt{R^2 + \left(\dfrac{1}{\omega C}\right)^2}$，$\theta_Z = \tan^{-1}\dfrac{1}{\omega CR}$ である．

式 (2.41)，(2.42) において，1 つめの等号のように，実数部と虚数部からなる複素数によるインピーダンス Z の表現法をインピーダンスの複素表示といい，2 つめ，3 つめの等号のような表現法をインピーダンスの極表示またはインピーダンスの極座標表示という．

インピーダンスの複素表示を図示すると，図 2.19 のようになる．これをインピーダンス図という．

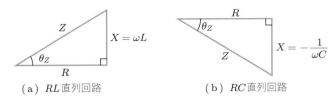

(a) RL 直列回路 (b) RC 直列回路

図 2.19 インピーダンス図

インピーダンス Z_1 と Z_2 の直列回路，並列回路の合成インピーダンス Z の関係を図 2.20 に示す．これらは，直流の場合と同じ計算法である．

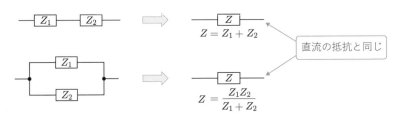

図 2.20 直列回路，並列回路の合成インピーダンス

例題 2.6 電圧 $E = 100\angle 0\,[\mathrm{V}]$ の交流電源を抵抗 R とインダクタ（リアクタンス X_L）の直列回路に加えたときに，$I = 10\angle -\dfrac{\pi}{6}\,[\mathrm{A}]$ の電流が流れた（図 2.21）．

この回路の抵抗 R とリアクタンス X_L，および合成インピーダンス Z を求め，インピーダンス図を描こう．

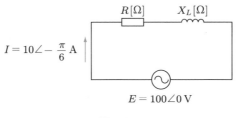

図 2.21

　電圧 E と電流 I のフェーザ図は図 2.22(a) のようになる．電流を基準にすると，電圧は電流より $\pi/6\,[\mathrm{rad}]$ 進む．

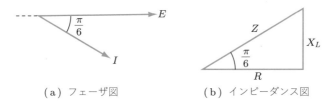

（a）フェーザ図　　　　　　（b）インピーダンス図

図 2.22

　抵抗の端子電圧を V_R，インダクタの端子電圧を V_L とすると

$$E = ZI, \quad V_R = RI, \quad V_L = jX_L I$$

となるので，インピーダンス図は図 (b) のように描くことができる．位相差が $\pi/6\,[\mathrm{rad}]$ なので，それぞれの辺の比は $Z : R : X_L = 2 : \sqrt{3} : 1$ となる．

　したがって，合成インピーダンス Z の大きさは

$$|Z| = \left| \frac{E}{I} \right| = \frac{100}{10} = 10\,[\Omega]$$

であるので，

$$R = |Z| \cos \frac{\pi}{6} = 10 \times \frac{\sqrt{3}}{2} = 5\sqrt{3}\,[\Omega], \quad X_L = |Z| \sin \frac{\pi}{6} = 10 \times \frac{1}{2} = 5\,[\Omega]$$

が得られる．

ちなみに，

$$Z = R + jX_L = \sqrt{R^2 + X_L^2} \angle \tan^{-1} \frac{X_L}{R}$$

より，合成インピーダンスの大きさと R と X_L がなす正接の角度を求めると，

$$\sqrt{R^2 + X_L^2} = \sqrt{(5\sqrt{3})^2 + 5^2} = 10$$

$$\tan^{-1}\frac{X_L}{R} = \tan^{-1}\frac{5}{5\sqrt{3}} = \tan^{-1}\frac{1}{\sqrt{3}} = \frac{\pi}{6}\,[\text{rad}]$$

となり，上記の合成インピーダンスの大きさとインピーダンス図の角度と一致する．

2.5.3 アドミタンス

インピーダンス Z の逆数をアドミタンス Y という．単位は [S]（ジーメンス）である．

$$Y = \frac{1}{Z} \tag{2.43}$$

式 (2.41) の $Z = |Z|\angle\theta_Z$ を代入すると

$$Y = \frac{1}{Z} = \frac{1}{|Z|\angle\theta_Z} = \frac{1}{|Z|}\angle -\theta_Z \equiv |Y|\angle\theta_Y\,[\text{S}] \tag{2.44}$$

となる．$|Y|$ をアドミタンスの大きさ，θ_Y をアドミタンス角という．$|Y|\angle\theta_Y$ はアドミタンスの極表示またはアドミタンスの極座標表示である．

また，アドミタンスを複素数で表現すると

$$Y = |Y|\angle\theta_Y = Y\cos\theta_Y + jY\sin\theta_Y \equiv G + jB$$

となる．ここで，Y の実部 G をコンダクタンス，虚数部 B をサセプタンスという．インピーダンスのリアクタンスの場合と同様，$B > 0$ のときは容量性サセプタンス，$B < 0$ のときは誘導性サセプタンスとなる．アドミタンス図は図 2.23 のようになる．

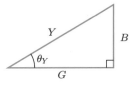

図 2.23 アドミタンス図

アドミタンス Y_1 と Y_2 の直列回路，並列回路の合成アドミタンス Y の関係を図 2.24 に示す．

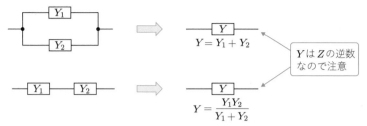

図 2.24　直列回路，並列回路の合成アドミタンス

例題 2.7　図 2.25 の交流回路において，交流電源の電圧を E，角周波数を ω とし，キャパシタ C は可変キャパシタとする．電源からみた回路の合成アドミタンス Y とコンダクタンス G およびサセプタンス B を求めよう．また，電圧 E と電流 I の位相差が $\pi/4\,[\mathrm{rad}]$ となる可変キャパシタの大きさを求めよう．加えて，合成

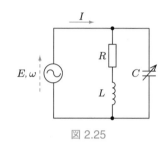

図 2.25

アドミタンスの大きさ $|Y|$ が最小となるときの可変キャパシタの大きさ，およびこのときの電圧 E と電流 I の位相の関係を求めよう．

解答

抵抗 R とインダクタンス L の直列接続の合成インピーダンス Z は

$$Z = R + j\omega L$$

となるので，電源からみた回路の合成アドミタンス Y は

$$
\begin{aligned}
Y &= \frac{1}{Z} + j\omega C = \frac{1}{R + j\omega L} + j\omega C = \frac{(R - j\omega L)}{(R + j\omega L)(R - j\omega L)} + j\omega C \\
&= \frac{R - j\omega L}{R^2 + \omega^2 L^2} + j\omega C = \frac{R}{R^2 + \omega^2 L^2} + j\omega\left(C - \frac{L}{R^2 + \omega^2 L^2}\right)
\end{aligned}
$$

となる．

したがって，コンダクタンス G とサセプタンス B は

$$G = \frac{R}{R^2 + \omega^2 L^2}, \quad B = \omega\left(C - \frac{L}{R^2 + \omega^2 L^2}\right)$$

となる．

次に，題意より，電圧 E と電流 I の位相差が $\pi/4\,[\mathrm{rad}]$ であることから，$Z = I \times E$，$Y = 1/Z$ の関係より，Y の実部と虚部の大きさが等しくなければならない（角度 $\pi/4$（$45°$）の直角三角形は 2 辺の長さが等しく，その長さの等しい辺を実部と虚部に割

り当てているため）．したがって，

$$\frac{R}{R^2+\omega^2 L^2} = \omega\left(C - \frac{L}{R^2+\omega^2 L^2}\right)$$

より，

$$\frac{R}{R^2+\omega^2 L^2} + \frac{\omega L}{R^2+\omega^2 L^2} = \omega C$$

となるので，

$$C = \frac{R+\omega L}{\omega\left(R^2+\omega^2 L^2\right)}$$

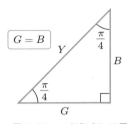

図 2.26　アドミタンス図

が得られる．このときのアドミタンス図は図 2.26 のようになる．

合成アドミタンスの大きさ $|Y|$ が最小となるのは，Y の虚部が 0 のときであるので，

$$\omega\left(C - \frac{L}{R^2+\omega^2 L^2}\right) = 0$$

から，そのときの可変キャパシタの大きさは

$$C = \frac{L}{R^2+\omega^2 L^2}$$

となる．このとき，アドミタンス Y は実部のみとなるので，電圧と電流の位相は等しくなる．

演習問題

2.1　交流電圧が極表示 (1)，複素表示 (2)，フェーザ表示 (3) で与えられている．このときの交流電圧の瞬時値を求めよ．ただし，角周波数を ω とする．

(1) $V = 100e^{j\pi/3}$　　(2) $V = \dfrac{1+j}{1+j\sqrt{3}}$　　(3) $V = 2\sqrt{2}\angle -\dfrac{\pi}{3}$

2.2　RLC 直列回路（問図 2.1）の合成インピーダンス Z と合成インピーダンスの大きさ $|Z|$ を求めよ．また，インダクタ L のリアクタンスがキャパシタ C のリアクタンスよりも大きい場合，小さい場合，等しい場合について，合成インピーダンスの複素ベクトルを描け．ただし，角周波数を ω とする．

問図 2.1

CHAPTER 3

交流回路 II

2章では，交流回路における基本的な素子であるインダクタやキャパシタのはたらきについて説明した．本章では交流回路の応用として，コイルに流れる電流が変化すると生じる電磁誘導現象と，それを利用して回路の電圧を変化させる変圧器について学ぶ．

また交流回路では，インダクタやキャパシタにより入力信号と出力信号の振幅や位相が変化するので，回路が適切に動作するための周波数を考える必要がある．そこで後半では，回路要素を組み合わせた回路の周波数特性を説明するとともに，それを直感的に理解するための複素ベクトル図の描き方を学ぶ．

3.1 電磁誘導

3.1.1 電磁誘導現象

コイルに電流 i を流すことを考えよう．コイルを 1 本の導線に見立てると，アンペールの右ねじの法則（図 3.1(a)）より，導線の周りには電流の方向に対して右回りの磁界が生じる．そのため図 (b) に示すように，コイルには磁束 Φ が貫通して生じる．

このとき，コイルを貫通する磁束 Φ はコイルに流れる電流 i に比例する．

$$\Phi = Li \tag{3.1}$$

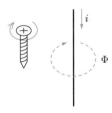

(a) アンペールの
右ねじの法則

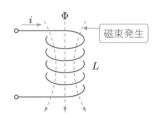

(b) コイルを貫く磁束

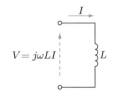

(c) 自己インダクタンス
による電気回路

図 3.1　電磁誘導現象

この比例定数 L を自己インダクタンスといい，単位 [H]（ヘンリー）で表す．

　磁石やほかのコイルを近付けたり離したりすることで磁束 Φ が変化すると，その変化の速さに比例して（ファラデーの電磁誘導の法則，☞A.5 節），変化を妨げる方向に電圧 v が発生する（レンツの法則）．この現象を電磁誘導といい，発生する電圧を電磁誘導電圧または電磁誘導起電力という．このようにコイルでは，磁束を通じて電圧と電流が関係づけられる．

$$v = \frac{d\Phi}{dt} = L\frac{di}{dt} \tag{3.2}$$

　また，電流 i が角周波数 ω の正弦波交流であるとき，電磁誘導電圧を複素数で表現すると，2 章の式 (2.34) より

$$V = j\omega L I \tag{3.3}$$

となり，図 (c) に示すように，自己インダクタンスによる電気回路で表現できる．

3.1.2 電磁誘導結合

　図 3.2 のように，2 つのコイル（コイル 1 とコイル 2）が接近して置かれている．コイル 1 に電流 i_1 を流すと（コイル 2 には電流は流れていないとする），コイル 1 とコイル 2 には電流の変化を妨げる向きに電磁誘導電圧 v_1 と v_2 が発生する．

　コイル 1 に電流を流したときに生じる磁束は，コイル 1 を鎖交すると同時にその一部がコイル 2 にも鎖交する．このようなコイル間の結合を電磁誘導結合という．

　コイル 2 に鎖交する磁束を Φ_{21} とすると，磁束 Φ_{21} は電流 i_1 に比例するので，比例定数を M_{21}（コイル 1 とコイル 2 の相互インダクタンスという．単位は [H]）とすれば

$$\Phi_{21} = M_{21}i_1 \tag{3.4}$$

となるので，電磁誘導電圧は

$$v_1 = \frac{d\Phi_1}{dt} = L_1\frac{di_1}{dt}, \quad v_2 = \frac{d\Phi_{21}}{dt} = M_{21}\frac{di_1}{dt} \tag{3.5}$$

となる．

　v_1 はコイル 1 に貫通する磁束の変化 $\dfrac{d\Phi_1}{dt}$ を妨げる向きに発生する電磁誘導電

圧，v_2 はコイル 2 に貫通する磁束を Φ_{21} とすると，その変化 $\dfrac{d\Phi_{21}}{dt}$ を妨げる向き
に発生する電磁誘導電圧となる．

電流 i_1 が角周波数 ω の正弦波交流であるとき，電磁誘導電圧を複素数で表現すると

$$V_1 = j\omega L_1 I_1, \quad V_2 = j\omega M_{21} I_1 \tag{3.6}$$

と表すことができる．

また，図 3.2 は図 3.3 のような電気回路図に描き直すことができる．

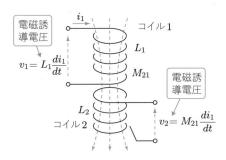

図 3.2　電磁誘導結合（コイル 1 に電流が流れている場合）

図 3.3　電磁誘導結合の電気回路（コイル 1 に電流が流れている場合）

例題 3.1　図 3.4 の 2 つのコイルの電磁誘導結合において，コイル 1 には電流が流れておらず，コイル 2 に電流 i_2 が流れている場合の電磁誘導結合の電気回路図を描こう．

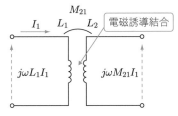

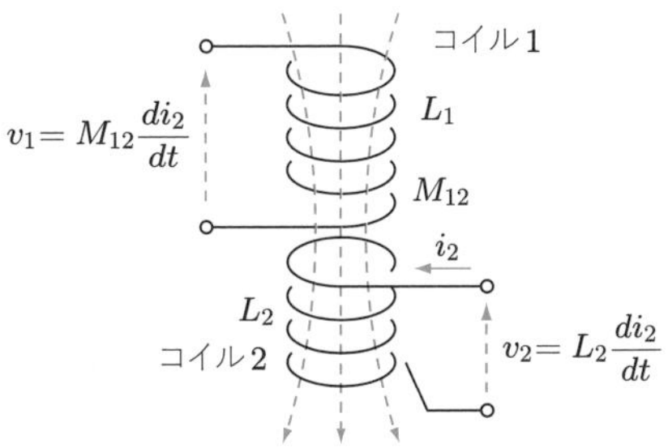

図 3.4　電磁誘導結合（コイル 2 に電流が流れている場合）

解答

コイル 2 に電流 i_2 が流れたときに生じる磁束 Φ_2 の一部はコイル 1 にも鎖交する．コイル 1 に鎖交する磁束を Φ_{12} とすると，磁束 Φ_{12} は電流 i_2 に比例するので，比例定数を M_{12} とすれば

$$\Phi_{12} = M_{12} i_2$$

となる．ここで，M_{12} はコイル 1 とコイル 2 の相互インダクタンスである．

電流 i_2 が変化すると磁束 Φ_2 と Φ_{12} が変化し，コイル 2 とコイル 1 にはその

変化を妨げる向きに電磁誘導電圧 v_2 と v_1 が発生する.

$$v_2 = \frac{d\Phi_2}{dt} = L_2\frac{di_2}{dt}, \quad v_1 = \frac{d\Phi_{12}}{dt} = M_{12}\frac{di_2}{dt}$$

複素数で表現すると

$$V_2 = j\omega L_2 I_2, \quad V_1 = j\omega M_{12} I_2$$

となるので，2つのコイルの電磁誘
導結合の電気回路図は図 3.5 のよう
に描くことができる.

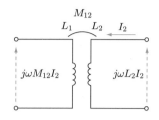

図 3.5　電磁誘導結合の電気回路
（コイル 2 に電流が流れている場合）

補足　コイル 1 とコイル 2 の相互
インダクタンス M_{12} と M_{21} は常に等しいので，通常，相互インダクタンスを
$M \, (= M_{12} = M_{21})$ と表す.

3.1.3　電磁誘導結合回路

　電磁誘導結合された 2 つのコイルのコイル 1 に電源 E（角周波数 ω）を接続し，
コイル 2 には負荷となるインピーダンス Z_2 を接続する（図 3.6）．このような回路
を電磁誘導結合回路といい，電源が接続されたコイル 1 の回路を 1 次回路，イン
ピーダンスが接続されたコイル 2 の回路を 2 次回路という.

　1 次回路の電流 i_1 と 2 次回路の電流 i_2 による磁束 Φ_1 と Φ_2 がたがいに反対方向
になるように，アンペールの右ねじの法則に従って，2 つのコイルは同じ方向に巻
く（図 3.7）．このような電磁結合を差動結合という.

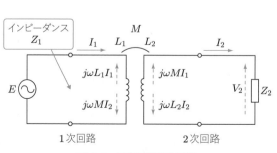

図 3.6　電磁誘導結合回路

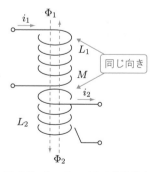

図 3.7　2 つのコイルの差動結合

コイル 1 の自己インダクタンスを L_1, 2 つのコイルの相互インダクタンスを M とすると, コイル 1 には電流 i_1 による電磁誘導電圧 $j\omega L_1 I_1$, コイル 2 には電磁誘導電圧 $j\omega M I_1$ が発生する.

電流 i_1 による磁束 Φ_1 が発生すると, Φ_1 を打ち消すように磁束 Φ_2 が発生し, コイル 2 にはインピーダンス Z_2 を介して電流 i_2 が流れる. 電流 i_2 によりコイル 2 には電磁誘導電圧 $j\omega L_2 I_2$ (コイル 2 の自己インダクタンス L_2), コイル 1 には電磁誘導電圧 $j\omega M I_2$ が発生する.

1 次回路と 2 次回路の回路方程式は, キルヒホッフの法則から以下のようになる.

$$1 \text{ 次回路} : E = j\omega L_1 I_1 - j\omega M I_2 \tag{3.7}$$

$$2 \text{ 次回路} : 0 = j\omega L_2 I_2 - j\omega M I_1 + Z_2 I_2 \tag{3.8}$$

ここで, 式 (3.8) より

$$I_2 = \frac{j\omega M}{j\omega L_2 + Z_2} I_1 \tag{3.9}$$

となり, これを式 (3.7) に代入すると,

$$E = j\omega L_1 I_1 - j\omega M \frac{j\omega M}{j\omega L_2 + Z_2} I_1 = \left(j\omega L_1 + \frac{\omega^2 M^2}{j\omega L_2 + Z_2} \right) I_1 \tag{3.10}$$

これより I_1 は

$$I_1 = \frac{E}{j\omega L_1 + \dfrac{\omega^2 M^2}{j\omega L_2 + Z_2}} \tag{3.11}$$

となる.

図 3.6 の 1 次側からみたインピーダンス Z_1 は,

$$Z_1 = \frac{E}{I_1} = j\omega L_1 + \frac{\omega^2 M^2}{j\omega L_2 + Z_2} \tag{3.12}$$

となる.

例題 3.2　2 つのコイル 1, 2（自己インダクタンス $L_1 = 60\,[\text{mH}]$, $L_2 = 30\,[\text{mH}]$）を電磁誘導結合させ, 1 次回路に電源 $E = 6\angle 0\,[\text{V}]$ を加え, 2 次回路は短絡した（図 3.8）. 相互インダクタンスを $M = 40\,[\text{mH}]$ とするとき, 1 次回路と 2 次回路に流れる電流 I_1, I_2 を求めよう. また, 1 次側からみたイン

ピーダンス Z_1 を求めよう．ただし，$\omega = 100\,[\text{rad/s}]$ とする．

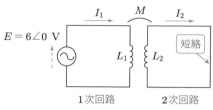

図 3.8　2 次側を短絡した回路

解答

1 次回路と 2 次回路の回路方程式は，

1 次回路：$E = j\omega L_1 I_1 - j\omega M I_2$

2 次回路：$0 = j\omega L_2 I_2 - j\omega M I_1$

となる．

与えられた値を代入すると，それぞれ

$$6 = j100 \times 60 \times 10^{-3} I_1 - j100 \times 40 \times 10^{-3} I_2 \quad \text{より} \quad 6 = j6 I_1 - j4 I_2 \tag{1}$$

$$0 = j100 \times 30 \times 10^{-3} I_2 - j100 \times 40 \times 10^{-3} I_1 \quad \text{より} \quad 0 = j3 I_2 - j4 I_1 \tag{2}$$

となるので，消去法により I_1 を求めると

$$I_1 = \frac{18}{j2} = -j9 = 9\angle -\frac{\pi}{2}\,[\text{A}]$$

となる．

これを式 (1) に代入して I_2 を求めると

$$6 = j6 \times (-j9) - j4 I_2 = 54 - j4 I_2$$

となり，これより

$$I_2 = \frac{12}{j} = -j12 = 12\angle -\frac{\pi}{2}\,[\text{A}]$$

となる．

1 次側からみたインピーダンス Z_1 は

$$Z_1 = \frac{E}{I_1} = \frac{6\angle 0}{9\angle(-\pi/2)} = \frac{2}{3}\angle\frac{\pi}{2}\,[\Omega] \quad \text{または} \quad Z_1 = j\frac{2}{3}\,[\Omega]$$

となる．

補足

ここで，$Z_1 = j2/3 = j\omega L_\text{e}$ とおいた L_e を等価自己インダクタンスという．

この例題の場合，$\omega L_\text{e} = 2/3$ なので，

$$L_\text{e} = \frac{2}{3\omega} = \frac{2}{300}\,[\text{H}] = \frac{20}{3}\,[\text{mH}]$$

となる．

例題 3.3　　例題 3.2 の図 3.8 の回路において，2 次回路が開放された場合の電流 I_1 と電圧 V_2 を求めよう（図 3.9）．ただし，1 次回路の電源と 2 つのコイルの自己インダクタンス，相互インダクタンスは例題 3.2 と同じとする．

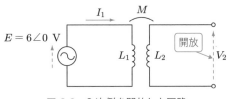

図 3.9　2 次側を開放した回路

解答

1 次回路と 2 次回路の回路方程式は，それぞれ

$$1 \text{ 次回路：} E = j\omega L_1 I_1 \tag{1}$$

$$2 \text{ 次回路：} V_2 = j\omega M I_1 \tag{2}$$

となる．

式 (1) に与えられた数値を代入すると

$$6 = j100 \times 60 \times 10^{-3} I_1 = j6 I_1$$

となり，これより

$$I_1 = \frac{6}{j6} = \frac{1}{j} = 1\angle -\frac{\pi}{2}\,[\text{A}]$$

となる．

次に，上記の I_1 を式 (2) に代入すると

$$V_2 = j\omega M I_1 = j100 \times 40 \times 10^{-3} \times \frac{1}{j} = 4\angle 0\,[\text{V}]$$

が得られる．

補足　この結果から，1 次回路に加えた正弦波交流電圧が，2 次回路では 2/3 の大きさになること，および位相差が生じていないことがわかる．

3.1.4　変圧器結合回路

2 つのコイルの電磁誘導現象から，次のことが想定できる．

- コイル 1 に電圧を加えると，相互インダクタンスによりコイル 2 に電磁誘導電圧が生じる．

- このことは，コイル 2 の電圧の大きさを変更（変圧）することを意味する．
- この原理は，鉄心を介して 2 つのコイルを電磁誘導結合させた変圧器に利用できる．
- 変圧器の電圧の比は，それぞれのコイルのインダクタンスやコイル 1 とコイル 2 の巻数の比で決まる．

2 つのコイルを鉄心を介して電磁誘導結合させた結合形態を変圧器結合という（図 3.10）．コイル 1 の自己インダクタンスを L_1，コイル 2 の自己インダクタンスを L_2，2 つのコイルの相互インダクタンスを M，1 次コイルの巻数を N_1，2 次コイルの巻数を N_2 とする．

鉄心を介することにより，コイル 1 を通る磁束は外部に漏れず，鉄心の中だけを通るので，ほとんどすべての磁束はコイル 2 を通る．

漏れ磁束がない結合状態を密結合といい，結合係数として $k = M/\sqrt{L_1 L_2}$ とすると，$k = 1$ の関係となる．漏れ磁束があるときは $k < 1$ となり，疎結合とよばれる．

変圧器結合をもった結合を，変圧器またはトランスという．市販されている変圧器は，同心円状に巻かれた 2 つのコイルの中に環状鉄心を挿入したものである（図 3.11）．$k = 1$ の場合は理想変圧器となる．

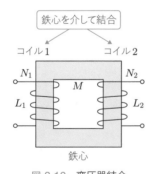

図 3.10　変圧器結合

図 3.11　市販変圧器

結合係数 $k = 1$ の前提条件で，変圧器結合を電気回路として表したものを変圧器結合回路という（図 3.12）．L_1，L_2 はコイル 1 および 2 の自己インダクタンス，M は相互インダクタンス，I_1，I_2 は 1 次回路，2 次回路に流れる電流，インピーダンス Z_2 は 2 次回路に接続された負荷である．

ここで，等価回路を考えてみよう．1 次回路と 2 次回路の回路方程式は，式 (3.7)，

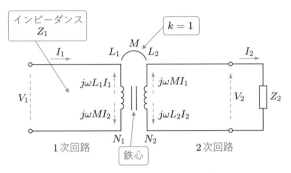

図 3.12　変圧器結合回路

式 (3.8) と同じである．インピーダンス Z は分母が多項式で扱いにくいので，逆数のアドミタンス Y を利用する．

1 次側からみたインピーダンス Z_1 は，式 (3.12) と同じで

$$Z_1 = \frac{V_1}{I_1} = j\omega L_1 + \frac{\omega^2 M^2}{j\omega L_2 + Z_2} = j\omega L_1 + \frac{\omega^2 L_1 L_2}{j\omega L_2 + Z_2} = \frac{j\omega L_1 Z_2}{j\omega L_2 + Z_2} \tag{3.13}$$

となる．これより，1 次側のアドミタンス Y_1 は

$$Y_1 = \frac{j\omega L_2 + Z_2}{j\omega L_1 Z_2} = \frac{L_2}{L_1 Z_2} + \frac{1}{j\omega L_1} \tag{3.14}$$

となる．

コイル 1 の自己インダクタンス L_1 と巻数 N_1 との間には，

$$L_1 = K N_1^2 \tag{3.15}$$

の関係が成り立つ．ここで，K は鉄心の材料や構造，寸法で決まる比例係数である．コイル 2 も同じ鉄心なので，同様に

$$L_2 = K N_2^2 \tag{3.16}$$

が成り立つ．

ここで，巻数比として

$$\frac{N_1}{N_2} = n \tag{3.17}$$

とすると，

$$\frac{L_1}{L_2} = \frac{KN_1^2}{KN_2^2} = \left(\frac{N_1}{N_2}\right)^2 = n^2 \tag{3.18}$$

より，アドミタンス Y_1 は

$$Y_1 = \frac{L_2}{L_1 Z_2} + \frac{1}{j\omega L_1} = \frac{1}{n^2 Z_2} + \frac{1}{j\omega L_1} \tag{3.19}$$

と表される.

$Y_1 = 1/Z_1$ であること，および並列回路の合成インピーダンスの逆数はそれぞれのインピーダンスの逆数の和になること（☞ 図 2.24）に注意すると，図 3.12 の変圧器結合回路の等価回路は，図 3.13(a) のように描くことができる．図中の I_0 はコイル 1 に流れて磁束を発生させる電流で，励磁電流とよばれる.

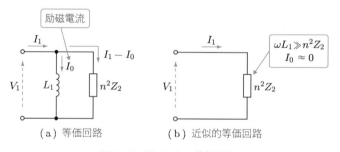

図 3.13　図 3.12 の等価回路

通常の変圧器では，コイル 1 の自己インダクタンス L_1 を十分大きくし，$\omega L_1 \gg n^2 Z_2$ となるようにする．これにより，励磁電流 I_0 は電流 I_1 に対して無視することができ，近似的に図 (b) のような等価回路になる．このような回路を近似的等価回路という.

近似的等価回路におけるインピーダンス Z_1 は，$Z_2 = R_2 + jX_2$ とすると

$$Z_1 = n^2 Z_2 = n^2 R_2 + jn^2 X_2 \tag{3.20}$$

となる.

例題 3.4　図 3.12 において，変圧器の電圧比 V_1/V_2 と巻数比 $n = N_1/N_2$ の関係，電流比 I_1/I_2 と巻数比 $n = N_1/N_2$ の関係を求めよう.

$V_2 = Z_2 I_2$ に式 (3.9) の I_2 を代入すると

$$V_2 = Z_2 \frac{j\omega M}{j\omega L_2 + Z_2} I_1$$

が得られる．これに式 (3.11) の I_1 を（$E = V_1$ として）代入すると

$$V_2 = Z_2 \frac{j\omega M}{j\omega L_2 + Z_2} \frac{V_1}{j\omega L_1 + \dfrac{\omega^2 M^2}{j\omega L_2 + Z_2}}$$

$$= Z_2 \frac{j\omega M V_1}{j\omega L_1 (j\omega L_2 + Z_2) + \omega^2 M^2} = Z_2 \frac{j\omega \sqrt{L_1 L_2} V_1}{-\omega^2 L_1 L_2 + j\omega L_1 Z_2 + \omega^2 L_1 L_2}$$

$$= \frac{Z_2 j\omega \sqrt{L_1 L_2} V_1}{j\omega L_1 Z_2} = \sqrt{\frac{L_2}{L_1}} V_1 = \frac{N_2}{N_1} V_1$$

となり，

$$\frac{V_1}{V_2} = \frac{N_1}{N_2} = n \tag{1}$$

の関係が得られる．

次に，2 次回路の電流 I_2 は，理想変圧器の等価インピーダンス $Z_1 = n^2 Z_2$（式 (3.20)）を使って

$$I_2 = \frac{V_2}{Z_2} = \frac{V_1/n}{Z_1/n^2} = n \frac{V_1}{Z_1} = n I_1$$

となり，

$$\frac{I_1}{I_2} = \frac{1}{n} = \frac{N_2}{N_1} \tag{2}$$

の関係が得られる．

以上の結果より，電圧比と電流比は巻数比およびその逆数で表されることがわかる．

3.5 図 3.14 に示すような，理想変圧器を用いた変圧器結合回路がある．

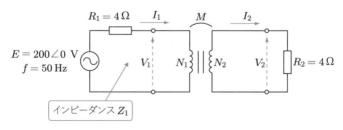

図 3.14 変圧器回路

電流 I_1 と I_2，電圧 V_1 と V_2，1 次側からみたインピーダンス Z_1 を求めよう．ただし，変圧器の巻数比は $n = N_1/N_2 = 2$ とする．

インピーダンス Z_1 は，式 (3.20) から

$$Z_1 = n^2 Z_2 = 2^2 \times 4 = 16\,[\Omega]$$

となる．電源 E からみたインピーダンス Z は

$$Z = R_1 + Z_1 = 4 + 16 = 20\,[\Omega]$$

となる．したがって，電流 I_1 と電圧 V_1 および V_2 は，例題 3.4 の式 (1)，(2) を用いて

$$I_1 = \frac{E}{Z} = \frac{200\angle 0}{20\angle 0} = 10\angle 0\,[\mathrm{A}], \quad I_2 = nI_1 = 2 \times 10\angle 0 = 20\angle 0\,[\mathrm{A}]$$

$$V_1 = Z_1 I_1 = 16 \times 10\angle 0 = 160\angle 0\,[\mathrm{V}], \quad V_2 = \frac{V_1}{n} = \frac{160\angle 0}{2} = 80\angle 0\,[\mathrm{V}]$$

と得られる．

3.2 交流回路の周波数特性

電気回路や電子回路に時間的に変化する信号が入力されると，入力される信号の周波数によって，出力される信号の振幅と位相が変わる．これが周波数特性である．周波数特性は，目視で特性を把握できるように，横軸を周波数，縦軸を振幅（インピーダンスまたはアドミタンス）や位相としたグラフで表し，補助として複素ベクトルのグラフを描く．

どのような電気回路，電子回路であれ，必ず周波数特性をもっているので，適切な回路動作を行う周波数の範囲を決める必要がある．実際の回路設計では，回路の周波数特性から扱う信号の周波数範囲が決まる．周波数特性を意図的に設計し，特定の周波数のみを出力することのできる回路はフィルタとよばれる．

ここでは，代表的な電気回路を例に，正弦波交流信号の周波数を変化させたときのインピーダンスとアドミタンスの周波数特性を説明しよう．

■ 抵抗

抵抗のみの交流回路（図 3.15）のインピーダンス Z とアドミタンス Y は，

$$Z = R + j0 = R\angle 0, \quad |Z| = R \tag{3.21}$$

$$Y = \frac{1}{Z} = \frac{1}{R\angle 0} = \frac{1}{R}\angle 0, \quad |Y| = \frac{1}{R} \tag{3.22}$$

となる．Z と Y は角周波数 ω を含まないので，常に一定となる．

Z と Y の周波数特性は図 3.16 のようになる．Z と Y の複素ベクトルはそれぞれ図 3.17 のようになる．

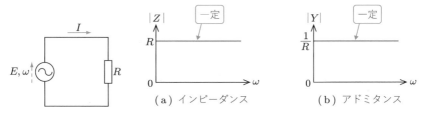

図 3.15 抵抗のみの回路　　図 3.16 周波数特性（抵抗のみ）

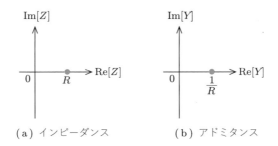

（a）インピーダンス　　（b）アドミタンス

図 3.17 複素ベクトル（抵抗のみ）

■ インダクタ

インダクタのみの交流回路（図 3.18）のインピーダンス Z とアドミタンス Y は，

$$Z = j\omega L = \omega L\angle\frac{\pi}{2}, \quad |Z| = \omega L \tag{3.23}$$

$$Y = \frac{1}{Z} = \frac{1}{\omega L\angle\dfrac{\pi}{2}} = \frac{1}{\omega L}\angle -\frac{\pi}{2}, \quad |Y| = \frac{1}{\omega L} \tag{3.24}$$

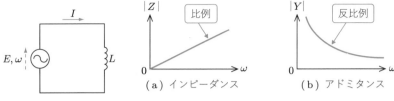

図 3.18　インダクタのみ
　　　　　の回路

図 3.19　周波数特性（インダクタのみ）

（a）インピーダンス　　　　　（b）アドミタンス

となる（☞ 2.5.1 項）.

$|Z|$ と $|Y|$ の周波数特性は図 3.19 のようになる．$|Z|$ は ω に比例し，$|Y|$ は ω に対して反比例する．複素ベクトルは，$\omega = 0 \sim \infty$ に対して図 3.20 のような軌跡をとる．これをベクトル軌跡という．

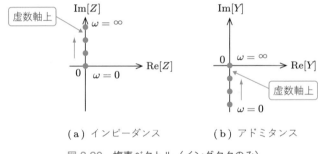

（a）インピーダンス　　　　　（b）アドミタンス

図 3.20　複素ベクトル（インダクタのみ）

■ キャパシタ

キャパシタのみの交流回路（図 3.21）のインピーダンス Z とアドミタンス Y は，

$$Z = \frac{1}{j\omega C} = \frac{1}{\omega C \angle \dfrac{\pi}{2}} = \frac{1}{\omega C} \angle -\frac{\pi}{2}, \quad |Z| = \frac{1}{\omega C} \tag{3.25}$$

$$Y = \frac{1}{Z} = \omega C \angle \frac{\pi}{2}, \quad |Y| = \omega C \tag{3.26}$$

となる（☞ 2.5.1 項）.

$|Z|$ と $|Y|$ の周波数特性は，インダクタのみの場合と逆になり，図 3.22 のようになる．すなわち，$|Z|$ は ω に反比例し，$|Y|$ は ω に比例する．複素ベクトルは，$\omega = 0 \sim \infty$ に対する虚数軸上の軌跡がインダクタのみの場合と逆になり，図 3.23 のようになる．

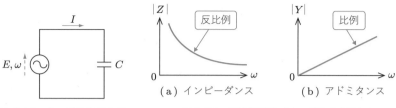

図 3.21 キャパシタのみの
回路

(a) インピーダンス　(b) アドミタンス

図 3.22　周波数特性（キャパシタのみ）

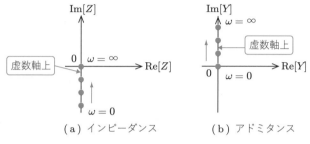

(a) インピーダンス　　(b) アドミタンス

図 3.23　複素ベクトル（キャパシタのみ）

3.2.2　組み合わせ回路の周波数特性

■ 抵抗とインダクタの直列回路

抵抗とインダクタの直列回路（図 3.24）の合成インピーダンスと合成アドミタンスは，

$$Z = R + j\omega L = \sqrt{R^2 + (\omega L)^2}\angle\theta_Z \tag{3.27}$$

$$|Z| = \sqrt{R^2 + (\omega L)^2}, \quad \angle Z = \theta_Z = \tan^{-1}\frac{\omega L}{R} \tag{3.28}$$

$$Y = \frac{1}{Z} = \frac{1}{\sqrt{R^2 + (\omega L)^2}}\angle -\theta_Z \tag{3.29}$$

$$|Y| = \frac{1}{\sqrt{R^2 + (\omega L)^2}}, \quad \angle Y = -\theta_Z \tag{3.30}$$

となる.

$\omega \to 0$ と $\omega \to \infty$ のときの $|Z|$ と $|Y|$，$\angle Z$ と $\angle Y$ について調べると，

$$\omega \to 0 : |Z| = \sqrt{R^2 + 0} = R, \quad |Y| = \frac{1}{\sqrt{R^2 + 0}} = \frac{1}{R} \tag{3.31}$$

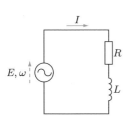

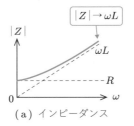

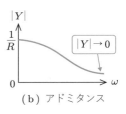

（a）インピーダンス

（b）アドミタンス

図 3.24 抵抗とインダクタ
の直列回路

図 3.25 周波数特性（RL 直列回路）

$$\angle Z = \angle(R + j\omega L) = \angle(R + 0) = \angle R = 0$$
$$\angle Y = -\angle(R + j\omega L) = -\angle(R + 0) = -\angle R = 0 \tag{3.32}$$

$$\omega \to \infty : |Z| = \lim_{\omega \to \infty} \sqrt{R^2 + (\omega L)^2} = \lim_{\omega \to \infty} \sqrt{(\omega L)^2} = \lim_{\omega \to \infty} \omega L = \infty$$
$$|Y| = \lim_{\omega \to \infty} \frac{1}{\sqrt{R^2 + (\omega L)^2}} = \lim_{\omega \to \infty} \frac{1}{\sqrt{(\omega L)^2}} = \lim_{\omega \to \infty} \frac{1}{\omega L} = 0 \tag{3.33}$$

$$\angle Z = \lim_{\omega \to \infty} \angle(j\omega L) = \frac{\pi}{2}$$
$$\angle Y = \lim_{\omega \to \infty} -\angle(j\omega L) = -\frac{\pi}{2} \tag{3.34}$$

となる.

　したがって，$|Z|$ の周波数特性は，$\omega \to 0$ のときは $|Z| = R$（ω に対して一定）に漸近し，$\omega \to \infty$ のときは $|Z| = \omega L$ の直線に漸近する（図 3.25(a)）．$|Y|$ の周波数特性は，$\omega \to 0$ のときは $|Y| = 1/R$（ω に対して一定）に漸近し，$\omega \to \infty$ のときは $|Y| = 0$ に漸近する（図 (b)）．

　ベクトル軌跡は，$\omega \to 0$ のときは $Z = R$，$\angle Z = 0$ で，$\omega \to \infty$ のときは $Z = j\infty$，$\angle Z = \pi/2$ なので，図 3.26(a) のように描くことができる．Y のベク

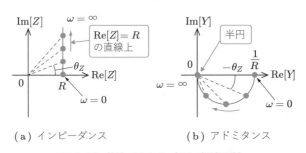

（a）インピーダンス　　　　　　（b）アドミタンス

図 3.26 複素ベクトル（RL 直列回路）

トル軌跡は，$\omega \to 0$ のときは $Y = 1/R$，$\angle Y = 0$ で，$\omega \to \infty$ のときは $Y = 0$，$\angle Y = -\pi/2$ なので，図 (b) のように半円を描く．

例題 3.6 図 3.24 の RL 直列回路の合成インピーダンスの位相 $\angle Z = \theta_Z$ の周波数特性を描こう．

解答
$\omega \to 0$ のときは，$\angle Z = \angle(R + j\omega L) = \angle(R + 0) = \angle R = 0$ であり，$\omega \to \infty$ のときは $\angle Z = \lim_{\omega \to \infty} \angle(j\omega L) = \pi/2$ となるので，$\angle Z = \theta_Z$ の周波数特性は図 3.27 のように描くことができる．

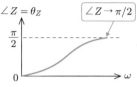

図 3.27 位相 $\angle Z$ の周波数特性（RL 直列回路）

■ 抵抗とキャパシタの直列回路

抵抗とキャパシタの直列回路（図 3.28）の合成インピーダンス Z は，

$$Z = R + \frac{1}{j\omega C} = R - j\frac{1}{\omega C} = \sqrt{R^2 + \left(\frac{1}{\omega C}\right)^2} \angle\theta_Z \tag{3.35}$$

$$|Z| = \sqrt{R^2 + \left(\frac{1}{\omega C}\right)^2}, \quad \angle Z = \theta_Z = -\tan^{-1}\frac{1}{\omega C R} \tag{3.36}$$

となる．$\omega \to 0$, $\omega \to \infty$ における $|Z|$ と $\angle Z$ は以下のようになる．

$$\omega \to 0 : |Z| = \sqrt{R^2 + \left(\frac{1}{\omega C}\right)^2} = \sqrt{R^2 + \infty} = \infty \tag{3.37}$$

$$\angle Z = -\tan^{-1}\frac{1}{\omega C R} = -\tan^{-1}\infty = -\frac{\pi}{2} \tag{3.38}$$

$$\omega \to \infty : |Z| = \lim_{\omega \to \infty} \sqrt{R^2 + \left(\frac{1}{\omega C}\right)^2} = R \tag{3.39}$$

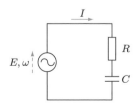

図 3.28 抵抗とキャパシタの直列回路

$$\angle Z = \lim_{\omega \to \infty} \left(-\tan^{-1} \frac{1}{\omega CR} \right) = 0 \tag{3.40}$$

したがって，$|Z|$ の周波数特性は，$\omega \to 0$ のときは $1/\omega C$ に漸近して $|Z| = \infty$ になり，$\omega \to \infty$ のときは $|Z| = R$（ω に対して一定）の直線に漸近する（図 3.29(a)）．$\angle Z$ の周波数特性は，$\omega = 0 \sim \infty$ において $\angle Z = -\pi/2 \sim 0$ に変化する（図 (b)）．

Z のベクトル軌跡は，$\omega \to 0$ のときは $Z = \infty$ および $\angle Z = -\pi/2$ で，$\omega \to \infty$ のときは $Z = R$ および $\angle Z = 0$ なので，図 (c) のように描くことができる．

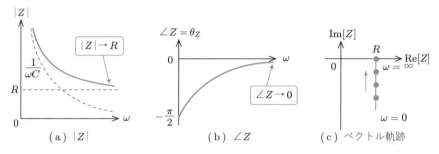

図 3.29　周波数特性とベクトル軌跡（RC 直列回路）

例題 3.7　図 3.28 の RC 直列回路の合成アドミタンス Y と位相 $\angle Y$ の周波数特性を描こう．

解答

合成アドミタンス Y は

$$Y = \frac{1}{\sqrt{R^2 + (1/\omega C)^2} \angle \theta_Z} = \frac{1}{\sqrt{R^2 + (1/\omega C)^2}} \angle -\theta_Z$$

$$|Y| = \frac{1}{\sqrt{R^2 + (1/\omega C)^2}}, \quad \angle Y = -\theta_Z = \tan^{-1} \frac{1}{\omega CR}$$

となる．また，$\omega \to 0, \omega \to \infty$ のときの $|Y|$ と $\angle Y$ は以下のようになる．

$$\omega \to 0 : |Y| = \frac{1}{\sqrt{R^2 + (1/\omega C)^2}} = \frac{1}{\sqrt{R^2 + \infty}} = 0$$

$$\angle Y = \tan^{-1} \frac{1}{\omega CR} = \tan^{-1} \infty = \frac{\pi}{2}$$

$$\omega \to \infty : |Y| = \frac{1}{\sqrt{R^2 + (1/\omega C)^2}} = \frac{1}{\sqrt{R^2 + 0}} = \frac{1}{R}$$

$$\angle Y = \tan^{-1} \frac{1}{\omega CR} = \tan^{-1} 0 = 0$$

$\omega = 0 \sim \infty$ における $|Y|$ と $\angle Y$ の周波数特性は，図 3.30 のようになる．すなわち，$|Y|$ は 0 から $1/R$ に変化し，$\angle Y$ は $\pi/2$ から 0 に変化する．

Y のベクトル軌跡は，$\omega \to 0$ のときは $Y = 0$ および $\angle Y = \tan^{-1}\infty = \pi/2$ で，$\omega \to \infty$ のときは $Y = 1/R$ および $\angle Y = 0$ なので，図 (c) のように半円を描く．$\omega = 1/CR$ を Y の実部に代入すると $\mathrm{Re}[Y] = 1/2R$，虚部 $\mathrm{Im}[Y] = 1/2R$ となる．

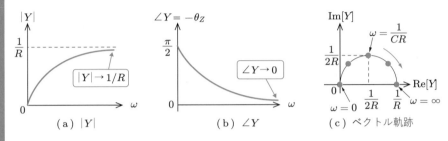

図 3.30 周波数特性とベクトル軌跡（RC 直列回路）

■ 抵抗とキャパシタの並列回路

並列回路なので，計算しやすい合成アドミタンス Y のみを示す．

抵抗とキャパシタの並列回路（図 3.31）の合成アドミタンス Y と位相 $\angle Y$ は，

$$Y = \frac{1}{R} + j\omega C = \sqrt{\left(\frac{1}{R}\right)^2 + (\omega C)^2}\angle\theta_Y \tag{3.41}$$

$$|Y| = \sqrt{\left(\frac{1}{R}\right)^2 + (\omega C)^2}, \quad \angle Y = \theta_Y = \tan^{-1}(\omega CR) \tag{3.42}$$

となる．

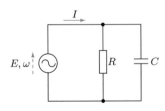

図 3.31 抵抗とキャパシタの並列回路

$|Y|$ の周波数特性は $\omega \to 0$ で $1/R$ に漸近し，$\omega \to \infty$ で ωC に漸近する（図 3.32(a)）．位相 $\angle Y$ は $\omega = 0 \sim \infty$ で $0 \sim \pi/2$ に変化する（図 (b)）．

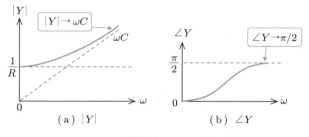

図 3.32 周波数特性（RC 並列回路）

例題 3.8 図 3.31 の RC 並列回路のアドミタンス Y のベクトル軌跡を描こう.

解答

$Y = 1/R + j\omega C = |Y|\angle Y$, $\angle Y = \tan^{-1}(\omega RC)$ のベクトル軌跡は, $\omega \to 0$ のときは $Y \to 1/R$, $\angle Y \to \tan^{-1} 0 = 0$ となり, $\omega \to \infty$ のときは $Y \to \infty$, $\angle Y \to \pi/2$ となるので, 図 3.33 のように描くことができる.

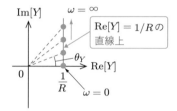

図 3.33 ベクトル軌跡（RC 並列回路）

演習問題

3.1 問図 3.1 は, コイルと磁石を配置し, 磁石の磁束がコイルを貫いている回路の例である. 以下の電磁誘導の記述で, （ア）は①または②を選択し, （イ）と（ウ）は数値を記入せよ.

(1) スイッチ S を閉じた状態で磁石をコイルに近付けると, コイルには（ア）の向きに電流が流れる.

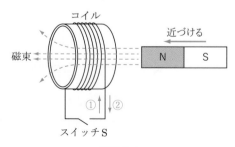

問図 3.1

(2) コイルの巻数が 200 であるとする．スイッチ S を開いた状態でコイルの断面を貫く磁束を 0.5 [s] の間に 10 [mWb] だけ直線的に増加させると，磁束鎖交数は（イ）[Wb] だけ変化する．

(3) また，0.5 [s] の間にコイルに発生する電磁誘導電圧の大きさは（ウ）[V] となる．ただし，コイルの磁束はコイル断面の位置によらず一定とする．

3.2 1 次側に $V_1 = 6.6$ [kV] の電圧源を接続した巻数比 $n = 33$ の理想変圧器がある．2 次側に $Z_2 = 10(\sqrt{3} + j)$ [Ω] の負荷を接続したときの 1 次側に換算した等価回路の負荷 Z_1 を求めよ．また，1 次側の電流 I_1 を求めよ．

3.3 4 [Ω] の抵抗と静電容量が C [F] のコンデンサが直列に接続された RC 回路がある．この RC 回路に，周波数 50 [Hz] の交流電圧 100 [V]（実効値）の電源を接続したところ，20 [A] の電流が流れた．この RC 回路に周波数 60 [Hz] の交流電圧 100 [V] の電源を接続したとき，RC 回路に流れる電流を求めよ．

CHAPTER 4

半導体

本書の後半では，電子回路について説明する．電子回路を構成する素子の多く
は半導体からなっており，それらの素子のはたらきや役割は，半導体の基礎を
知っていると理解しやすい．そこで本章では，入門的な内容として，n 形と p 形
という 2 種類の半導体と，もっとも単純な素子であるダイオードについて学ぶ．
2 種類の半導体を接合した pn 接合は，次章で扱うトランジスタや発光ダイオー
ドを含むあらゆる半導体デバイスの基本となるので，電圧を印加したときの振る
舞いなどを正しく理解しよう．

4.1 電気伝導

物質には電気を通す導体と，電気を通さない絶縁体，そしてその中間の性質を備
えた半導体がある．

電気的性質を示すものとして，抵抗率（または固有抵抗，記号 ρ，単位 $[\Omega \cdot \mathrm{cm}]$）
がある（図 4.1）．導体は抵抗が小さくて電気が通りやすく，代表的なものに銅，鉄，
アルミニウム，金，銀などがある．絶縁体は抵抗が大きくて電気が通りにくく，代
表的なものにゴム，ガラス，セラミックス，雲母（マイカ）などがある．

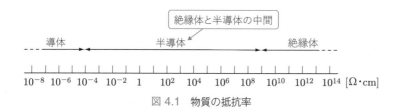

図 4.1 物質の抵抗率

半導体はこれらの中間的な性質を備え，温度によって抵抗率が変化する．低温時
ではほとんど電気を通さないが，温度が上昇するにつれて，電気が通りやすくなる
（図 4.2）．代表的な半導体材料として，ゲルマニウム（Ge），シリコン（Si），カー
ボン（C）がある．

不純物を含まない半導体（真性半導体という）はほとんど電気を通さないが，特定の不純物（別種の原子）を加えることにより，電気を通しやすくなる．真性半導体に不純物を入れることを**ドープ**（または**ドーピング**）という．例として，真性半導体であるシリコンに不純物をドープして生成したp形，n形とよばれる2種類の半導体（☞4.2.2項）について，抵抗率と不純物濃度との関係を図4.3に示す．

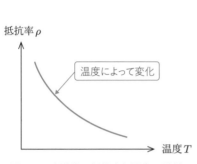

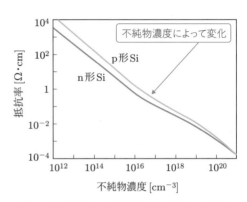

図 4.2　半導体の抵抗率と温度の関係　　　図 4.3　半導体の不純物濃度と抵抗率の関係

　一般に，物質の抵抗 R は抵抗率 ρ を用いて次式のように与えられる．

$$R = \rho \frac{l}{S} \, [\Omega] \tag{4.1}$$

すなわち，物質を円柱とした場合，抵抗 R は円柱の長さ $l\,[\mathrm{cm}]$ に比例し，断面積 $S\,[\mathrm{cm}^2]$ に反比例する．抵抗率 $\rho\,[\Omega \cdot \mathrm{cm}]$ はこれらの比例係数になる．

　また，抵抗率 ρ は以下の式で与えられる．

$$\rho = \frac{1}{qn\mu} \, [\Omega \cdot \mathrm{cm}] \tag{4.2}$$

ここで，q は電子の電荷量で $1.6 \times 10^{-19}\,[\mathrm{C}]$（クーロン），$n$ は電子または正孔（ホールともよぶ）（☞4.2.2項）の濃度 $[\mathrm{cm}^{-3}]$ である．μ は移動度（ドリフト速度）で，電子または正孔の移動する速さを表す物理量として定義され，単位は $[\mathrm{cm}^2/(\mathrm{V} \cdot \mathrm{s})]$ である．

例題 4.1　電気抵抗 $R\,[\Omega]$，直径 $D\,[\mathrm{mm}]$，長さ $l\,[\mathrm{m}]$ の導線の抵抗率 $\rho\,[\Omega \cdot \mathrm{cm}]$ を表す式を導こう．

導体の断面積を $S\,[\text{cm}^2]$ とすると，導体は直径 $D\,[\text{mm}]$ の円形なので，断面積は

$$S = \pi \left(\frac{D}{2} \times 10^{-1} \right)^2 = \frac{\pi D^2 \times 10^{-2}}{4}\,[\text{cm}^2]$$

と表せる．

導線の抵抗率 $\rho\,[\Omega \cdot \text{cm}]$ は，式 (4.1) より

$$\rho = \frac{RS}{l} = \frac{\pi D^2 R}{4l} \times 10^{-2}\,[\Omega \cdot \text{cm}]$$

となる．

4.2 半導体

半導体を学ぶうえで最初に必要となるエネルギーバンド図の考え方と，これを利用した n 形および p 形半導体，pn 接合を用いたダイオードの基本特性と降伏現象について説明する．

4.2.1 エネルギーバンド図

原子は，原子核とその周りの軌道上の電子で構成されている．それぞれの軌道のもつエネルギーは不連続的な飛び飛びの値を取る．電子が取ることのできるエネルギーを，エネルギー準位とよぶ．原子が多数集まって結晶を構成すると，このエネルギー準位が連続的に分布するようになり，バンド状（帯状）の準位をつくる．単独で存在する原子に束縛された電子は離散的なエネルギー準位しかとれないが，多数の原子の集合体である物質では，電子のとり得るエネルギー準位はある幅をもって広がっている．これがエネルギーバンド図のイメージである．

金属，半導体，絶縁体のエネルギーバンド図を比較すると，図 4.4 のようになる．上のバンドを伝導帯，下のバンドを価電子帯または充満帯，2 つのエネルギーバンドの間の部分を禁制帯という．バンド図の縦方向は，電子がもつエネルギーの大きさ（単位は電子ボルトまたはエレクトロンボルト [eV]）を示す．

金属では，フェルミ準位 E_f（後述）がエネルギーバンド中に存在する．図 4.4(a) に示すように，フェルミ準位の真上が伝導帯で，フェルミ準位の真下が価電子帯となっている（電子で満たされた価電子帯と空の伝導帯は接触している）．価電子帯

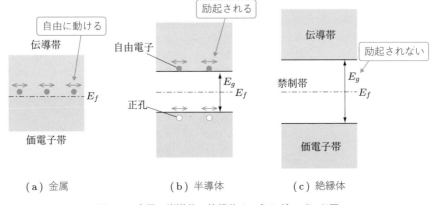

図 4.4 金属，半導体，絶縁体のエネルギーバンド図

の電子は空の伝導帯に容易に移動でき，自由電子となる.

フェルミ準位とは，電子の占有確率が 1/2 になるエネルギー準位をいう．物質内の電子は，その温度に応じて種々のエネルギーをもつが，ある温度で，あるエネルギー準位を占める確率は，フェルミ・ディラックの分布関数

$$f(E) = \cfrac{1}{1 + \exp\left(\cfrac{E - E_f}{\kappa T}\right)} \quad (\text{ボルツマン定数}：\kappa = 1.38 \times 10^{-23}\,[\text{J/K}])$$

(4.3)

で与えられることが知られている．この式は，温度 T においてフェルミ準位 E_f を超えるエネルギー E をもつ電子の確率を表す.

一方，半導体や絶縁体では，伝導体と価電子帯の間の禁制帯のバンドギャップ E_g 中にフェルミ準位 E_f が存在するため，価電子にバンドギャップを超えるエネルギーを与え，価電子帯から伝導帯へ励起することができれば，伝導帯に自由電子が得られることになる.

半導体はバンドギャップがせまいため，常温で熱などの運動エネルギーにより価電子帯の電子の一部が伝導帯に励起され，わずかな電気伝導を生じる．また，価電子帯から励起した電子の抜け殻（正孔）が発生し，正の荷電粒子として振る舞うので，電気伝導に寄与する．このように，電気伝導に寄与する電子または正孔をキャリアとよぶ．キャリアである電子と正孔の存在がごくわずかである真性半導体では，絶対零度では電子は伝導帯に励起されず，導電性は示さない．半導体のバンドギャップの例を表 4.1 に示す．表中の GaAs のように複数の元素の結晶からなるも

表 4.1　半導体のバンドギャップの例

半導体	E_g [eV]
ケイ素（シリコン）Si	1.11
セレン Se	1.74
ゲルマニウム Ge	0.67
炭化ケイ素 SiC	2.86
ガリウムリン GaP	2.26
ガリウムヒ素 GaAs	1.43
窒化ガリウム GaN	3.4
ダイヤモンド C	5.5

のを化合物半導体という.

　絶縁体では，バンドギャップ E_g が価電子の運動エネルギーよりも大幅に大きいため，伝導体に価電子が励起されることがなく，電気伝導が生じない.

　絶縁体と半導体の相違はバンドギャップ E_g の大きさであり，バンドギャップ E_g が大きいほど，抵抗値が高くなる.

4.2.2　n 形半導体と p 形半導体

　シリコン結晶の原子は他の原子と結合するために，4 本の結合手をもっている.結合手を 4 本もつことを 4 価という. 4 価とは，原子の周りの複数の軌道のうち，もっとも外側の軌道（最外殻軌道）の電子の数が 4 個であることを意味する（図4.5）. シリコン原子どうしの結合は，共有結合とよばれている. 図 4.6 はたがいに4 本の結合手を出し合って握手するイメージである.

　代表的な半導体としてシリコンのほかにゲルマニウムもあるが，以下ではシリコンについて説明する.

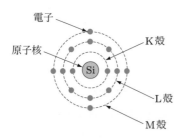

図 4.5　シリコンの原子モデル
（原子番号＝電子数：14）

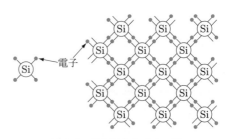

図 4.6　共有結合のイメージ

不純物が混じらない4価のシリコン結晶である真性半導体に，5本の結合手をもつ5価の不純物（ドナーとよばれる）であるリン（P）やアンチモン（Sb）などをドープすると，このときのドナーのエネルギーレベル（ドナー準位 E_d）は，伝導帯に近い位置（バンドギャップの小さな位置）に存在する（図4.7(a)）．このエネルギーレベルにあるドナーの電子は，容易に伝導帯まで励起されて電気伝導に寄与する．電子を失ったドナーは陽イオンになる．4価のシリコン結晶に5価のアンチモンをドープし，共有結合から外れた過剰電子（5価 −4価 ＝1個の電子）を生み出すイメージを図4.8(a)に示す．このように，多数キャリアとして過剰電子を多く生み出すようにした不純物半導体を，n形半導体という．

　一方，3本の結合手をもつ3価のボロン（B）やガリウム（Ga）などの不純物（アクセプタとよばれる）をドープすると，アクセプタのエネルギーレベル（アクセプタ準位 E_a）は価電子帯に近い位置に存在する．ここにはもともと電子が存在

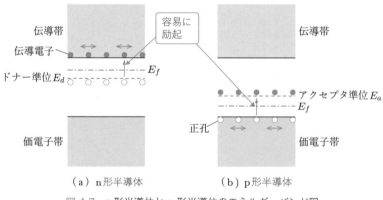

図4.7　n形半導体とp形半導体のエネルギーバンド図

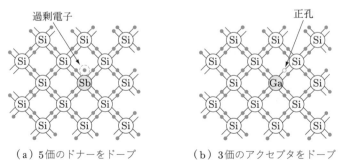

図4.8　4価のシリコン結晶に5価と3価の不純物をドープしたイメージ

しないので，価電子帯の電子がここに励起される．その結果，価電子帯に正孔が生成され，これが自由正孔となって電気伝導に寄与する（図4.7(b)）．このとき，電子を得たアクセプタは陰イオンになる．4価のシリコン結晶に3価のゲルマニウムをドープし，共有結合に電子が不足して過剰正孔（4価 −3価 ＝1個の正孔）を生み出すイメージを図4.8(b)に示す．このように多数キャリアとして過剰正孔を多く生み出すようにした不純物半導体を，p形半導体という．

4.2.3 pn接合とダイオード

　p形半導体とn形半導体を接合すると（pn接合），それぞれのキャリアである正孔と電子が引き付け合って（濃度勾配によって拡散し），pn接合の境界付近で結合（再結合という）し，たがいに消滅する．不純物原子がイオン化したp形領域のア

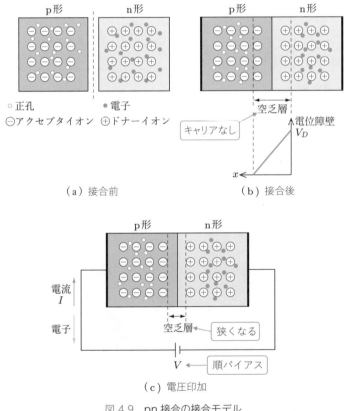

（a）接合前　　　　　　　　　　　（b）接合後

（c）電圧印加

図 4.9　pn接合の接合モデル

クセプタイオンとn形領域のドナーイオンは，キャリアである電子と正孔に比べて重いので，それぞれの境界付近に取り残される．境界付近はキャリアが存在しなくなるため空乏層（または遷移領域）とよばれ，絶縁物と同じ状態になる（図4.9(a)，(b)）．

正孔と電子の移動（拡散）は，空乏層に取り残されたアクセプタイオンとドナーイオンによる拡散電位（または電位障壁）V_Dによって妨げられ，いずれ止まることになる．

接合後の平衡状態におけるエネルギーバンド図を図4.10(a)に示す．p形半導体とn形半導のフェルミ準位が一致するところでキャリアの拡散が止まり，熱平衡状態となる．熱平衡状態においては，pn接合部に正孔と電子が乗り越えることができない電位障壁が存在し，多数キャリアである電子と正孔の移動を妨げているからである．

この状態でp形領域に＋極を，n形領域に−極を接続し，両電極間に電圧Vを加えると，電子がn形領域からp形領域に流れ込み，正孔と結合し消滅する．電圧印加により空乏層が狭まったことにより，再結合で消滅しなかった電子が＋極へ

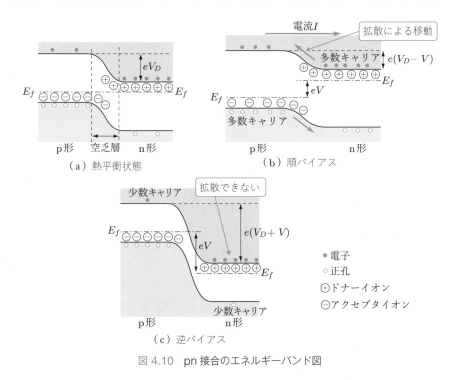

図 4.10　pn 接合のエネルギーバンド図

到達し，その結果，外部に電流が流れるようになる（図 4.9(c)）．

この電子の流れと電流の方向を順方向といい，印加した電圧 V を順バイアスとよぶ．順バイアス時のエネルギーバンド図を図 4.10(b) に示す．p 形と n 形半導体のフェルミ準位の差が印加電圧 V に対応するので，空乏層の電位差は V_D から $V_D - V$ に下がる．すなわち，拡散電位が $V_D - V$ に減少するので，n 形半導体の多数キャリアである電子と p 形半導体の多数キャリアである正孔が，それぞれ反対極性の p 形と n 形側に拡散する．このことを少数キャリアの注入現象という．

次に，電圧 V の＋側を n 形半導体に，－側を p 形半導体に加える．つまり，順バイアスと逆方向の電圧を加える（図 4.10(c)）．この電圧を逆バイアスという．この場合，空乏層の拡散電位が $V_D + V$ に上がるので，p 形と n 形の多数キャリアは拡散電位という山を越えることができなくなる．p 形半導体と n 形半導体に少数あるキャリアである（少数キャリアという）電子と正孔の拡散による電流は流れるが，その数は小さいため，ごくわずかな逆方向の電流になる．

ダイオードとは，p 形半導体と n 形半導体を接合し（図 4.11(a)），それぞれの端面に電極を備え付けた構造のデバイスである（図 (b)）．p 側をアノード（anode，大文字の A），n 側をカソード（cathode，大文字の K）という．ダイオードの図記号を図 (c) に示す．

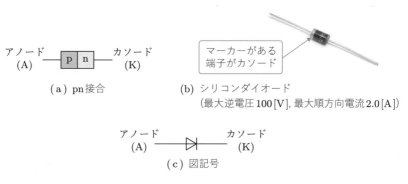

アノード　　p n　　カソード
(A)　　　　　　　　　(K)

（a）pn接合

マーカーがある
端子がカソード

（b）シリコンダイオード
（最大逆電圧 100 [V]，最大順方向電流 2.0 [A]）

アノード　　　　　カソード
(A)　　　▷|　　　(K)

（c）図記号

図 4.11　ダイオード

上記の順バイアスとなる電圧（アノード側に＋，カソード側に－）を印加することにより，順方向（p 形から n 形方向）に電流 I が流れる．逆バイアスの場合は空乏層が広がり，電流を流すことができない．このように 1 方向にしか電流を流さない性質を，整流特性という．

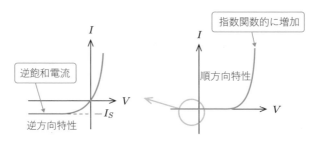

図 4.12　ダイオードの電圧 – 電流特性

　ダイオードの電圧 V と電流 I の関係を示す電圧 – 電流特性（または V – I 特性）を図 4.12 に示す．ダイオードの電圧 – 電流特性は，下記の実験式で近似計算することができる．

$$I = I_S \left\{ \exp\left(\frac{eV}{\kappa T} \right) - 1 \right\} \tag{4.4}$$

ここで，I_S は逆飽和電流，$e = 1.602 \times 10^{-19}$ [C] は電気素量，$\kappa = 1.38 \times 10^{-23}$ [J/K] はボルツマン定数，T は絶対温度である．さらに，順方向特性は次式で近似することができる．

$$I \approx I_S \exp\left(\frac{eV}{\kappa T} \right) \tag{4.5}$$

逆方向特性は，逆飽和電流が流れるので，$I \approx -I_S$ と近似できる．

4.2.4　pn 接合の降伏現象

　逆バイアスを印加すると，図 4.10(c) に示すように，少数キャリア（p 形では電子，n 形では正孔）が移動することで，n 形から p 形へ一定の小さな電流（逆飽和電流 I_S）が流れるが，逆バイアスの電圧をさらに大きくしていくと，ある閾値 V_Z（ツェナー電圧という）を境に急激に電流が流れ出す現象が発生する（図 4.13）．この現象は pn 接合の降伏現象とよばれ，アバランシェ降伏またはツェナー降伏によるものである．アバランシェ降伏は電子雪崩による現象で，ツェナー降伏は，電位障壁を通り抜けるトンネル効果により生じる現象である．

　逆バイアスを大きくしていくと，空乏層に加わる電界が大きくなり，p 領域の少数キャリアである価電子帯の電子は十分な運動エネルギーを得て加速される．加速された電子は結晶格子を構成する Si 原子に衝突し，価電子帯の電子の共有結合を断

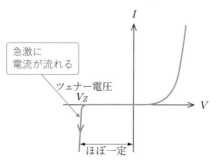

図 4.13　pn 接合の降伏現象

ち切り，電子と正孔を新たに生成させる．この過程は，十分な運動エネルギーをもつ電子が，共有結合している原子に衝突してイオン化させることから，衝突電離とよばれる．衝突電離によって生成された電子と正孔が十分な運動エネルギーをもつようになると，これらもまた原子の共有結合を断ち切り，電子と正孔の対を生成させる（図 4.14）．このようにして連鎖的に自由電子が生成される結果，ダイオードに急激に大電流が流れるようになる．このような現象をアバランシェ降伏という．

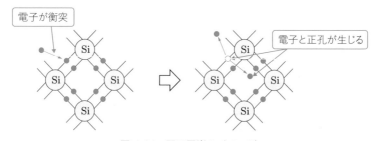

図 4.14　電子雪崩のイメージ

　ツェナー降伏は，p 形，n 形半導体の不純物濃度が十分高いときに発生する．不純物濃度が高くなると空乏層の幅が狭くなるので，pn 接合に逆バイアスをかけていくと，空乏層に生じる電界が大きくなる．その結果，p 側の価電子帯の少数キャリアである電子が禁制帯を通り抜け，n 側の伝導帯に到達するようになり，電流が急激に増加する（図 4.15）．電子が禁制帯幅を通り抜ける現象はトンネル効果とよばれ，量子力学的な現象の 1 つである．

　逆方向での降伏電圧を利用した半導体素子に，ツェナーダイオード（または定電圧ダイオード）がある．ツェナー電流 I_Z が変化してもツェナー電圧 V_Z が一定であるという特長を利用した素子であり，定電圧回路のみならず，サージ電流や静電

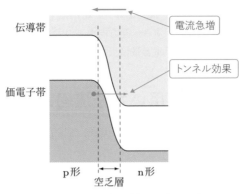

図 4.15　トンネル効果のイメージ

気から IC などを保護する保護素子として使用されている．一般的なダイオードは順方向で使用するのに対して，ツェナーダイオードは逆方向で使用する．

例題 4.2　　以下は，半導体の pn 接合を利用した素子に関する説明である．誤っている場合は訂正しよう．

(1) ダイオードは pn 接合を利用した半導体素子で，順方向の電圧 – 電流特性を利用したものであり，1 方向にしか電流を流さない整流特性を示す．

(2) ダイオードの p 形に負，n 形に正となる電圧を加えると，p 形，n 形それぞれの価電子帯の少数キャリアに対しては順方向電圧と考えられるので，少数キャリアが移動することによってきわめてわずかな電流が流れる．

(3) ツェナーダイオードは，ダイオードにみられる順方向の電圧 – 電流特性の急激な降伏現象を利用したものである．

(4) 空乏層の静電容量が逆方向電圧によって変化する性質を利用したダイオードを，可変容量ダイオード（またはバラクタダイオード）という．逆方向電圧の大きさを小さくしていくと，静電容量は大きくなる（調べてみよう）．

解答

(1) 正しい．

(2) 正しい．p 形が負，n 形が正となる電圧すなわち逆バイアスを加えた場合でも，価電子帯に少数キャリア（p 形は電子，n 形は正孔）があるので，きわめてわずかな電流が流れる．

(3) 誤り．ツェナーダイオードは，図 4.13 に示すように，逆バイアスによる降伏現象を利用した素子である．ツェナー電流にかかわらず一定の電圧を出力する．

(4) 正しい. 可変容量ダイオードは, ツェナー電圧以下の逆方向電圧を加えることによってコンデンサとして利用する. 逆方向電圧の大きさを小さくすると空乏層が広がり, コンデンサとしての静電容量は大きくなる.

4.3 ダイオードを用いた整流回路

ダイオードは整流特性をもつことから, 交流を直流に変換する整流回路を構成することができる.

ダイオードと負荷を直列に接続した回路では, 負荷には, 交流電圧のうちの半分の順方向側の電圧だけが加えられる. このような整流動作を半波整流とよぶ (図4.16(a)).

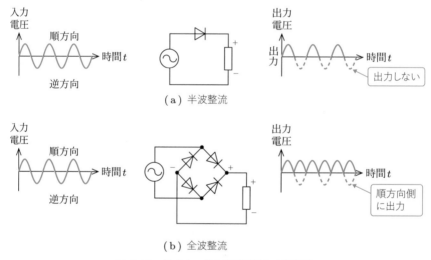

（a）半波整流

（b）全波整流

図 4.16 ダイオードの半波整流と全波整流

また, 2つのダイオードを2個直列接続したものを2組つくり, それぞれの中間に交流電圧を加えると, どちらか一方のカソードが ＋, アノードが － となるので, 交流電圧波形の正と負の両方の電圧を取り出すことができる (図(b)). ダイオード4個をこのように接続する方法をブリッジ接続とよび, このような回路を一般にブリッジ回路とよぶ. ブリッジ接続することで, 逆方向電圧を反転させて順方向へ加えることにより出力させる整流動作を, 全波整流とよぶ.

ダイオードのブリッジ接続を1つのモジュールにした素子を, ダイオードブリッ

(a) 小電力用 (数[A]クラス)　　　　(b) 大電力用 (数10[A]クラス)

図 4.17　ダイオードブリッジ

ジという (図 4.17).

　図 4.16 で示した整流波形は凹凸 (脈動) が大きいので, コンデンサ (平滑コンデ
ンサという) の充放電を利用し, 波形の平滑化を行うことで, 脈動の少ない直流に
変換することができる. 平滑後に現れる電圧の脈動をリップルという (図 4.18).
リップルは, 静電容量と負荷の抵抗の大きさによって変化する. 同じ大きさの静電
容量, 負荷の場合, 全波整流のほうが半波整流に比べてリップルは小さくなり, 効
率のよい整流方式になる (表 4.2).

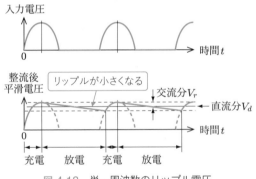

図 4.18　単一周波数のリップル電圧

　リップル波形が単一周波数の正弦波の場合, リップル率 (脈動率) は, 交流分
(リップル波形の振幅) V_r と直流分 (リップル波形の平均値) V_d とすると,

$$リップル率 = \frac{V_r/\sqrt{2}}{V_d} \times 100 \, [\%] \tag{4.6}$$

で与えられる. すなわち, リップル波形の実効値と直流分の比をとる.

　なお, リップル波形に高調波が含まれる場合は, リップル率は

$$リップル率 = \frac{V_{\max} - V_{\min}}{V_{\mean}} \times 100 \, [\%]$$

$$\text{または}\quad 2 \times \left(\frac{V_{\max} - V_{\min}}{V_{\max} + V_{\min}}\right) \times 100\,[\%] \tag{4.7}$$

で与えられる（図 4.19）.

表 4.2　半波整流と全波整流の電圧の比較

項目	半波整流	全波整流
回路構成	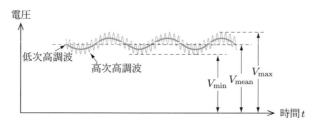	
入力 電圧波形		
整流後 電圧波形		
整流平滑後 電圧波形		

図 4.19　リップル波形が高調波を含む場合

例題 **4.3**　全波整流平滑回路の出力波形を図 4.20 に示す. このときのリップル率を求めよう. ただし, リップル波形は単一周波数の正弦波とし, リップル波形の交流分を $V_r = 2\,[\mathrm{V}]$, 直流分を $V_d = 24\,[\mathrm{V}]$ とする.

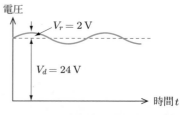

図 4.20　全波整流平滑回路の出力波形

解答

リップル率は式 (4.6) から

$$\text{リップル率} = \frac{V_r/\sqrt{2}}{V_d} \times 100\,[\%]$$

であり，直流分に対する交流分の割合となる．

　この式に与えられた数値を代入すると，

$$\text{リップル率} = \frac{2/\sqrt{2}}{24} \times 100 = 5.9\,[\%]$$

が得られる．

演習問題

4.1 半導体に関する以下の (1)～(5) の記述について，誤りがあれば訂正せよ．

(1) ゲルマニウム（Ge）やインジウムリン（InP）は単元素の半導体であり，シリコン（Si）やガリウムヒ素（GaAs）は化合物半導体である．

(2) 半導体内でキャリアの濃度が一様でない場合，拡散電流の大きさはそのキャリアの濃度勾配にほぼ比例する．

(3) 真性半導体に不純物を加えるとキャリアの濃度は変わるが，抵抗率は変化しない．

(4) 真性半導体に光を当てたり熱を加えたりしても，電子や正孔は発生しない．

(5) 半導体に電界を加えると流れる電流はドリフト電流とよばれ，その大きさは電界の大きさに反比例する．

4.2 ダイオードブリッジを用いた全波整流平滑回路（問図 4.1）の説明文中の（ア）～（オ）に該当する用語を下記から選べ．

用語：脈動の大きい，脈動の少ない，電流源，電圧源，1 周期，半周期，パルス状の，一定の，リアクトル，平滑コンデンサ

　平滑コンデンサがない場合は，（ア）ごとに 0 [V] が現れる脈動する波形となる．この直流電圧の脈動を吸収するために，負荷と並列に（イ）を接続する．

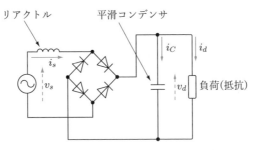

問図 4.1　ダイオードブリッジ整流回路

平滑コンデンサの電流 i_C は，交流電流 i_s を整流した電流と負荷に供給する電流 i_d との差となり，負荷の端子電圧 v_d は（ウ）波形となる．平滑コンデンサを接続した整流回路は，負荷側からみると直流の（エ）として動作する．

整流回路の交流電流 i_s は，コンデンサを充電するときに正負の（オ）波形となり，高調波を生じるので，これを低減するためにさらにリアクトル（コイル）を交流電源と整流回路との間に挿入するなどして，波形を改善することが多い．

CHAPTER 5

接合トランジスタと半導体素子

 　前章で紹介したダイオードと同様に，トランジスタもまた pn 接合を利用した素子である．ダイオードは 2 端子素子であるのに対し，トランジスタは 3 端子素子であるため，回路のスイッチング（オン・オフ）や信号増幅素子としても利用でき，もっとも重要な電子デバイスともいえる．

　本章では接合トランジスタの基本動作から，基本回路の入出力特性を学ぶ．また，電界効果トランジスタや発光ダイオードなど，他の代表的な半導体素子の原理についても説明する．

5.1　接合トランジスタの基本動作

　接合トランジスタは，pn 接合を 2 つ組み合わせた構造で，p 形半導体を 2 つの n 形半導体で挟んだ npn トランジスタと，n 形半導体を 2 つの p 形半導体で挟んだ pnp トランジスタの 2 種類があり，バイポーラトランジスタとよばれている．npn トランジスタと pnp トランジスタのイメージと図記号を図 5.1 に示す．各端子は，図のようにエミッタ（E），ベース（B），コレクタ（C）とよばれる．実際の構造では，ベースの幅は非常に狭くなっている．

　npn トランジスタでは，エミッタとコレクタは n 形なので電子が多数キャリアになり，ベースは p 形なので正孔が多数キャリアとなる．それぞれの pn 接合の接合部には，ダイオードの動作原理で説明したように空乏層ができている（図 5.2(a)）．この状態で，コレクタ－エミッタ間にコレクタが正となる電圧 V_{CE}（pnp トランジスタの場合は，エミッタが正となる電圧）を加えると，コレクタ－ベース間の pn 接合が逆バイアスになる．その結果，コレクタ－ベース間の空乏層がさらに広がるので，コレクタからエミッタには電流は流れない（図 (b)）．

　次に，エミッタ－ベース間にエミッタを負とするように電圧 V_{BE} を加える．この電圧はエミッタ－ベース間の pn 接合にとっては順バイアスとなるので，ベースから正孔が注入され，エミッタから大量の電子がベースに注入される．注入された

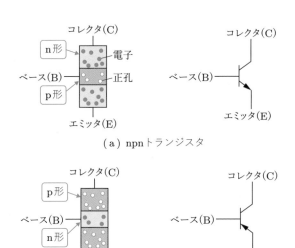

（a）npnトランジスタ

（b）pnpトランジスタ

図 5.1　トランジスタのイメージと記号

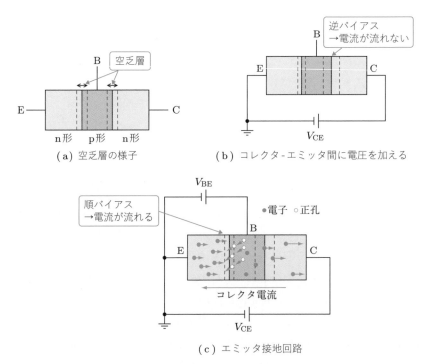

（a）空乏層の様子

（b）コレクタ - エミッタ間に電圧を加える

（c）エミッタ接地回路

図 5.2　エミッタ接地 npn トランジスタの動作原理

電子の一部はベースの正孔と再結合するが，ベース領域は薄いので，大部分は再結合しないでコレクタに到達する（図 (c)）．その結果，コレクタ‐エミッタ間に電流が流れることになる．コレクタから流れる電流（コレクタ電流という）はベース電流の大きさによって制御され，増幅される．

なお，pnp トランジスタの場合は，電源の極性を逆にして，電子と正孔を入れ替えることにより同様に説明することができる．

図 5.2(c) のように，バイポーラトランジスタのエミッタを入出力共通端子とし，ベースを入力，コレクタを出力として使う回路をエミッタ接地回路またはエミッタ共通回路，エミッタコモン回路という．

これに対して，ベース接地回路とは，ベースを入出力共通端子とし，エミッタを入力，コレクタを出力として使う回路である（図 5.3）．電流増幅率は低いが，電圧増幅器または電力増幅器として使用することができる．

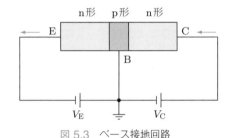

図 5.3　ベース接地回路

エミッタからベースに注入される電子の注入効率をエミッタ効率という．図 5.4において，エミッタ効率 γ は，

$$\gamma = \frac{I_{n\mathrm{E}}}{I_{n\mathrm{E}} + I_{p\mathrm{E}}} \tag{5.1}$$

で与えられる．ここで，$I_{n\mathrm{E}}$ はエミッタからベースに注入される電子に基づく電子電流，$I_{p\mathrm{E}}$ はベースからエミッタに注入される正孔に基づく正孔電流である．エミッタ効率は常に 1 より小さい．

また，エミッタ領域の抵抗率を ρ_{E}，ベース領域の抵抗率を ρ_{B}，ベース領域の幅を W_{B}，エミッタ領域の正孔拡散距離を $L_{p\mathrm{E}}$ とする場合は，エミッタ効率は，

$$\gamma = \frac{1}{1 + \left(\dfrac{\rho_{\mathrm{E}}}{\rho_{\mathrm{B}}}\right)\left(\dfrac{W_{\mathrm{B}}}{L_{p\mathrm{E}}}\right)} \tag{5.2}$$

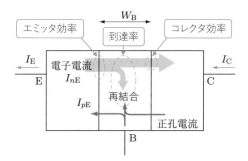

図 5.4　電子流の拡散イメージ

と表すことができる.

　さらに，エミッタ領域から注入される電子のうち，ベース領域（ベース‐コレク
タ接合）に到達する電子の割合は

$$\beta = 1 - 0.5 \left(\frac{W_{\mathrm{B}}}{L_{n\mathrm{B}}} \right) \tag{5.3}$$

で与えられる．この割合を，到達率またはベース輸送効率という．ここで，$L_{n\mathrm{B}}$ は
ベース領域における電子拡散距離である.

　ベース‐コレクタ接合に到達した電子は，接合部に逆バイアス V_{C} が加わるため
加速されてコレクタに流れ込む．この流れ込む割合をコレクタ効率という.

例題 5.1　ベース接地 npn トランジスタの各パラメータが次のように与え
られている．エミッタ効率 γ とベース領域の到達率 β を求めよう.

　　　エミッタ領域の抵抗率：$\rho_{\mathrm{E}} = 0.1\,[\Omega \cdot \mathrm{cm}]$
　　　ベース領域の抵抗率：$\rho_{\mathrm{B}} = 5\,[\Omega \cdot \mathrm{cm}]$
　　　ベース領域の幅：$W_{\mathrm{B}} = 0.5 \times 10^{-8}\,[\mathrm{cm}]$
　　　エミッタ領域の正孔拡散距離：$L_{p\mathrm{E}} = 10 \times 10^{-8}\,[\mathrm{cm}]$
　　　ベース領域の電子拡散距離：$L_{n\mathrm{B}} = 20 \times 10^{-8}\,[\mathrm{cm}]$

解答

　エミッタ効率は，式 (5.2) から

$$\gamma = \frac{1}{1 + \left(\dfrac{0.1}{5} \right) \left(\dfrac{0.5 \times 10^{-8}}{10 \times 10^{-8}} \right)} = 0.999 \quad (99.9\%)$$

到達率 β は，式 (5.3) から

$$\beta = 1 - 0.5 \left(\frac{0.5 \times 10^{-8}}{20 \times 10^{-8}} \right) = 0.988 \quad (98.8\%)$$

と求められる.

> **補足** エミッタ領域からコレクタ領域に注入される電子密度の割合は 99.9% であるが，ベース‐コレクタ接合に到達できる電子密度は 98.8% であるので，ベース領域で再結合により失われる電子密度は 99.9 − 98.8 = 1.1% である.

5.2 接合トランジスタの特性

エミッタ接地の場合の npn トランジスタの静特性（入力特性，伝達特性，出力特性）について説明しよう．トランジスタの静特性とは，トランジスタ単体に所定の電圧を加えたときにトランジスタが示す電気的性質をいう．

5.2.1 入力特性

入力特性は，トランジスタの V_{BE} – I_B 特性のことである．npn トランジスタのベース‐エミッタ間の電圧を V_{BE}，ベース電流を I_B とすると，図 5.5 のような特性が得られる．これは，コレクタ‐エミッタ間電圧 V_{CE} を一定に保った場合の入力側電圧 V_{BE} と入力側電流 I_B の関係である．

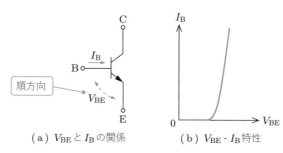

(a) V_{BE} と I_B の関係　　　　(b) V_{BE} - I_B 特性

図 5.5　トランジスタの入力特性

ベース‐エミッタ接合は，ダイオードの pn 接合と同じで，ベース電流 I_B が順方向電流に相当する．そのため，図 4.12 に示したダイオードの順方向特性と似たような特性となる．V_{BE} – I_B 特性において，ベース電流 I_B の立ち上がりが急峻であるほどベース領域の抵抗率が小さいといえ，ベース電流による発熱を低く抑えることができるので，良好な入力特性といえる．

伝達特性とは，コレクタ‐エミッタ間電圧 V_{CE} を一定に保ったときのベース電流 I_B とコレクタ電流 I_C の関係である（図 5.6）．ベース電流 I_B が増えると，コレクタ電流 I_C は比例して増加するため，特性の形状は線形になる．すなわち，I_B と I_C の関係はほぼ直線となる．

この直線の傾きを，エミッタ接地における直流の電流増幅率といい，h_{FE}（FE は Hybrid Forward Emitter の略）†で表す．

$$h_{FE} = \frac{I_C}{I_B} = \frac{\Delta I_C}{\Delta I_B} \tag{5.4}$$

h_{FE} は通常，数 10〜数 100 の値をとるので，ベース電流 I_B が 10 µA オーダーで変化すると，コレクタ電流 I_C は mA オーダーで変化することになる．

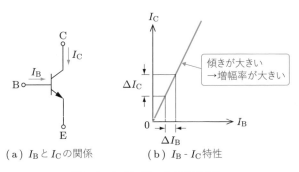

(a) I_B と I_C の関係   (b) I_B - I_C 特性

図 5.6　トランジスタの伝達特性

5.2.3 出力特性

出力特性とは，ベース電流 I_B を流している状態で（ベース電流 I_B をパラメータにして），コレクタ‐エミッタ間電圧 V_{CE} とコレクタ電流 I_C の関係を表した特性である（図 5.7）．コレクタ‐エミッタ間電圧 V_{CE} がある一定値を超えるまでは，コレクタ‐エミッタ間電圧 V_{CE} が増加するとコレクタ電流 I_C が増加するが，V_{CE} がある一定値を超えると，コレクタ電流 I_C はコレクタ‐エミッタ間電圧 V_{CE} によらず，ベース電流 I_B に依存する値となる．

---

† 添え字 FE は大文字.

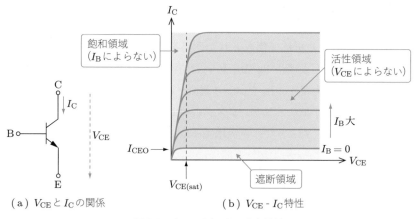

（a）V_{CE} と I_C の関係　　　　　　（b）V_{CE} - I_C 特性

図 5.7　トランジスタの出力特性

　飽和領域とは，V_{CE} 一定でベース電流 I_B を大きくしてもコレクタ電流 I_C が増加しない領域である．飽和状態は，トランジスタを増幅器ではなくスイッチオン・オフとして使用する場合の「オン」の状態になる．ベース電流を多く流し，コレクタ – エミッタ間電圧 V_{CE} が最小電圧となるようにすれば，オン状態における損失（$V_{CE} \times I_C$）を極力小さくすることができる．V_{CE} の最小電圧のことをコレクタ飽和電圧 $V_{CE(sat)}$ とよぶ．

　活性領域とは，ベース電流 I_B が一定であれば，コレクタ – エミッタ間電圧 V_{CE} によらずコレクタ電流 I_C が一定となる領域である．すなわち，活性領域では，コレクタ電流 I_C はコレクタ – エミッタ間電圧 V_{CE} の大きさに依存せず，ベース電流 I_B で決まる．一般に，トランジスタを増幅器として使用する際には，活性領域を利用する．

　遮断領域とは，ベース電流 $I_B = 0$ の状態でもコレクタ電流が $I_C = 0$ とならず，漏れ電流がわずかに流れる領域である．この漏れ電流をコレクタ遮断電流 I_{CEO} またはコレクタ – エミッタ間遮断電流という．漏れ電流が小さいほど，特性の良いトランジスタといえる．

　トランジスタをスイッチとして使用する場合は，飽和領域（スイッチオン）と遮断領域（スイッチオフ）を切り替えることになる．

5.3 トランジスタ増幅回路

npn トランジスタと抵抗で構成された回路を図 5.8(a) に示す．この回路はエミッタ接地増幅回路とよばれている．V_{CC} は電源電圧，G はグランド（またはアース，接地），V_{in} を入力電圧，I_B をベース電流，V_{out} を出力電圧とする．V_{in} が大きくなると I_B が大きくなり，トランジスタのコレクタに流れる電流 I_C は大きくなる．伝達特性で説明したように，電流増幅率は $h_{FE} = I_C/I_B$ となる．V_{in} と I_C の関係は，pn 接合のダイオード特性と同様に，図 (b) のようになる．

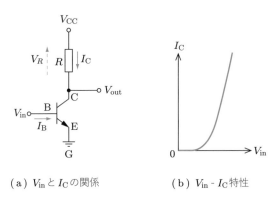

（a）V_{in} と I_C の関係　　　　（b）V_{in} - I_C 特性

図 5.8　エミッタ接地増幅回路

出力電圧 V_{out} は，抵抗 R の両端にかかる電圧 V_R とすると

$$V_{out} = V_{CC} - V_R = V_{CC} - R \times I_C \tag{5.5}$$

となる．これと図 5.8(b) の関係より，V_{in} と V_{out} の関係は図 5.9(a) のように表すことができる．すなわち，入力電圧 $V_{in} = 0$ のときはコレクタ電流 I_C が流れないので，抵抗の端子電圧は $V_R = 0$ となる．この場合，出力電圧 V_{out} は電源電圧 V_{CC} となる．

入力電圧 V_{in} を徐々に大きくしていくと，トランジスタにコレクタ電流 I_C が流れ始め，抵抗の端子電圧 V_R は増加していくため，式 (5.5) より，出力電圧 V_{out} は低下していく．さらに入力電圧 V_{in} が大きくなると，最終的には出力電圧 V_{out} は 0 に近づいていく．

入力電圧 V_{in} に対する出力電圧 V_{out} の変化が大きくなるのは，図 (a) の直線部分である．直線の勾配を $h = \Delta V_{out}/\Delta V_{in}$ とすると，入力電圧と出力電圧の関係（$\Delta V_{out} = h \times \Delta V_{in}$）を得ることができる．この関係を利用すると，入力電圧を増

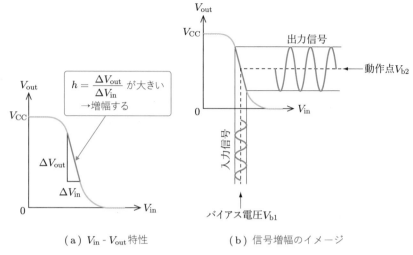

（a）V_{in}‐V_{out}特性 　　　　　（b）信号増幅のイメージ

図 5.9　エミッタ接地増幅回路のでの信号増幅

幅することが可能となる.

　入力信号の増幅のイメージを図 5.9(b) に示す. 図は入力電圧 V_{in}（$= V_{\mathrm{b1}}$ を中心とした正弦波）を入力したときの出力信号の増幅のイメージを示したものである. V_{b1} をバイアス電圧（または単にバイアス）といい, バイアス電圧に重畳した正弦波を信号電圧（または単に信号）という†. 重畳して入力することにより, 増幅された出力電圧を得ることができる. エミッタ接地増幅回路は, 図 (b) のように, 出力電圧は入力電圧を反転した増幅波形になる.

　このように, 増幅回路では, 適切な動作点を得るために, 入力側に適切なバイアス電圧を与える必要がある. バイアス電圧を適切に与えないと, 増幅した信号が大きく歪んでしまう.

　図 5.10 は, バイアス電圧が図 5.9(b) に比べて小さい場合に, 出力信号の波形に歪みが生じる例である. 入力された信号電圧が, 図 5.9(a) の V_{in}‐V_{out} 特性において線形近似できる（直線と見なせる）範囲を超えてしまうことによる.

　増幅回路が正しく動作するために適切なバイアス電圧を求める方法の 1 つに, 負荷線を利用する方法がある. 入力に与える適切なバイアス電圧は, 図 5.7(b) に示す出力特性（V_{CE}‐I_{C} 特性）のグラフに負荷線を重ねることにより求めることができる.

---

†　入力として, 信号成分を入力せずにバイアス成分のみを与えた場合は, 出力電圧 V_{b2} を動作点という.

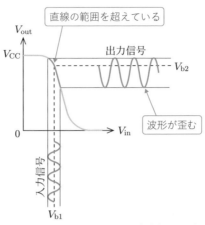

図 5.10　信号増幅のイメージ（波形歪み）

　負荷線とは，図 5.8(a) の抵抗 R に流れる電流 I_C と出力電圧 V_{out} $(= V_{CE})$ の関係を図示したものである．出力電圧 V_{out} は式 (5.5) で与えられ，この式を変形すると

$$I_C = -\frac{V_{out}}{R} + \frac{V_{CC}}{R} \tag{5.6}$$

となる．

　これが負荷線の式であり，図示すると図 5.11 のようになる．すなわち，横軸の電圧が電源電圧 V_{CC}，縦軸の電流が V_{CC}/R となる点を直線で結んだものである．V_{CC}/R は，抵抗 R に電源電圧 V_{CC} が印加したときに流れる電流を表している．

　トランジスタの出力特性に負荷線を重ねると，図 5.12 のようなグラフが得られる．ベース電流を I_{B_n} に設定したときの出力特性と交わった点 P が動作点（V_P, I_P）になり，この点をバイアス点として決めることができる．

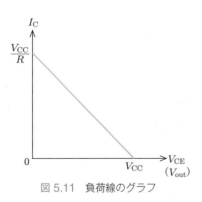

図 5.11　負荷線のグラフ

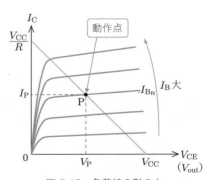

図 5.12　負荷線の引き方

5.4 増幅回路のバイアス法

接合トランジスタは，ベースに一定の電圧を加える（ベースにバイアスをかける）ことにより所定の増幅動作を行う．トランジスタを正しく動作させるためには，適切なバイアスを与え，そのバイアスを中心に信号を与える必要がある．バイアスをかける回路には，固定バイアス回路，自己バイアス回路，電流帰還バイアス回路がある．

5.4.1 固定バイアス回路

固定バイアス回路を図 5.13 に示す．固定バイアス回路を使って交流信号を増幅する場合は，入出力端子にコンデンサ C_1，C_2 を挿入する．コンデンサ C_1，C_2 は結合コンデンサまたはカップリングコンデンサとよばれ，入力信号と出力信号から直流分をカットし，交流信号のみを取り出すはたらきをもつ．

ベース電流 I_B は，バイアス抵抗 R_B によって電源電圧 V_{CC} から取り出す．バイアス抵抗 R_B の端子電圧（$V_{RB} = R_B \times I_B$）は，

$$V_{RB} = V_{CC} - V_{BE} \tag{5.7}$$

となるので，バイアス抵抗 R_B は，

$$R_B = \frac{V_{CC} - V_{BE}}{I_B} \tag{5.8}$$

となる．

また，ベース電流 I_B とコレクタ電流 I_C はそれぞれ次式で表すことができる．

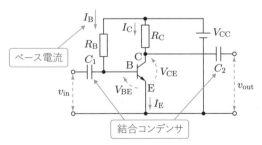

図 5.13　固定バイアス回路

$$I_B = \frac{V_{CC} - V_{BE}}{R_B} \approx \frac{V_{CC}}{R_B} \tag{5.9}$$

$$I_C = h_{FE} \times I_B = h_{FE} \times \frac{V_{CC} - V_{BE}}{R_B} \approx h_{FE} \times \frac{V_{CC}}{R_B} \tag{5.10}$$

ベース－エミッタ間電圧 V_{BE} の値は，ゲルマニウム（Ge）トランジスタで約 0.2 [V]，シリコン（Si）トランジスタで約 0.6 [V] 程度であるので，$V_{BE} \ll V_{CC}$ とすれば，ベース－エミッタ間電圧 V_{BE} の変化によるベース電流 I_B とコレクタ電流 I_C の変動はほとんどないと考えることができる．

一方で，ベース電流 I_B の変動が少なくても，電流増幅率 h_{FE} の増加に伴ってコレクタ電流 I_C が大きくなるという不安定な動作がある．

5.4.2 自己バイアス回路

自己バイアス回路を図 5.14 に示す．電圧帰還バイアス回路ともよばれる．この回路のベース電流 I_B は，コレクタからバイアス抵抗 R_B によって取り出す．バイアス抵抗 R_B の端子電圧は

$$V_{RB} = V_{CE} - V_{BE} \tag{5.11}$$

なので，バイアス抵抗 R_B は，

$$R_B = \frac{V_{CE} - V_{BE}}{I_B} \tag{5.12}$$

となる．

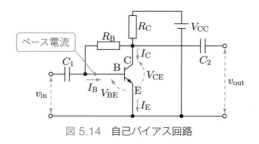

図 5.14 自己バイアス回路

$I_B \ll I_C$ とすれば，

$$V_{CE} = V_{CC} - (I_B + I_C)R_C \approx V_{CC} - I_C R_C \tag{5.13}$$

となり，式 (5.13) を式 (5.12) に代入し，式を整理すると，

$$I_{\mathrm{B}} = \frac{V_{\mathrm{CE}} - V_{\mathrm{BE}}}{R_{\mathrm{B}}} = \frac{V_{\mathrm{CC}} - I_{\mathrm{C}}R_{\mathrm{C}} - V_{\mathrm{BE}}}{R_{\mathrm{B}}} \tag{5.14}$$

となる.

　トランジスタの温度が上昇し，コレクタ電流 I_{C} が増加すると，コレクタ‐エミッタ間電圧 V_{CE} は減少するので，V_{CE} から供給していたベース電流 I_{B} が減少し，コレクタ電流 I_{C} も $I_{\mathrm{C}} = h_{\mathrm{FE}}I_{\mathrm{B}}$ より減少することになる．すなわち，自己バイアス回路は，コレクタ電流 I_{C} の増加を自身で抑制するようにはたらく．このようなはたらきを負帰還という．このことから，自己バイアス回路は，固定バイアス回路に比べて安定度が良いといえる．

　安定度をより改善するには，コレクタ電流 I_{C} の影響を少なくするために，コレクタ側に接続した抵抗 R_{C} を大きくすることが考えられるが，この抵抗は負荷抵抗として利用するので，抵抗値を大きくするにはおのずと限界がある．また，内部抵抗が比較的小さい負荷を接続する場合は，コレクタ電流 I_{C} の影響が大きくなり，安定度の改善には限界が出てくる．

5.4.3 電流帰還バイアス回路

　電流帰還バイアス回路を図 5.15 に示す．ベースブリーダ回路ともよばれる．これは上述した固定バイアス回路と自己バイアス回路の欠点を改善したものであり，ベース‐エミッタ間とエミッタ‐グランド間にそれぞれ抵抗 R_{A} と R_{E} を入れて安定したベース電流を供給できるようにした回路方式である．

　抵抗 R_{A} と R_{B} をブリーダ抵抗，抵抗 R_{E} を安定抵抗，電流 I_{A} をブリーダ電流という．抵抗 R_{A} と R_{B} によって電源電圧 V_{CC} は分圧される（☞1.3節）.

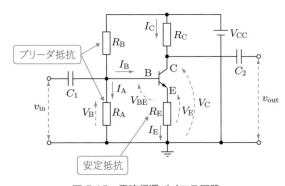

図 5.15　電流帰還バイアス回路

$$V_B = \frac{R_A}{R_A + R_B} V_{CC} \quad (\text{分圧}) \tag{5.15}$$

そして，ブリーダ電流 I_A をベース電流 I_B よりも十分大きくなるように調整し，抵抗 R_E の端子電圧 V_E を安定化させる．

ここで，トランジスタの温度が上昇し，コレクタ電流 I_C が増加すると，抵抗 R_E の端子電圧（電圧降下）V_E が上昇し，ベース–エミッタ間電圧 V_{BE} が減少する．これによりベース電流 I_B が減少し，$I_C = h_{FE} I_B$ よりコレクタ電流 I_C の増加を抑制することができる．

$$V_E = R_E I_E = (I_B + I_C) R_E \quad (\text{電圧降下}) \tag{5.16}$$

$$V_{BE} = V_B - V_E \quad (V_B \text{は一定値}) \tag{5.17}$$

実際に電流帰還バイアス回路を使って交流信号を増幅する場合は，出力端子には安定抵抗 R_E と並列にコンデンサ C_E を挿入する（図 5.16）．コンデンサ C_E はバイパスコンデンサとよばれ，交流信号に対して R_E を見かけ上短絡し，エミッタ接地を構成するはたらきをもつ．

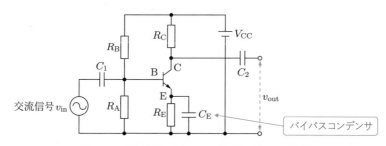

図 5.16 電流帰還バイアス回路（交流信号の場合）

例題 5.2 図 5.17 のエミッタ接地トランジスタ増幅回路において，$V_{CC} = 9\,[\mathrm{V}]$，$I_C = 2\,[\mathrm{mA}]$ であるときのバイアス抵抗 R_B の値を求めよう．ただし，直流の電流増幅率を $h_{FE} = 100$，トランジスタのベース–エミッタ間電圧を $V_{BE} = 0.6\,[\mathrm{V}]$ とする．

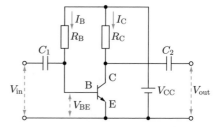

図 5.17 エミッタ接地トランジスタ増幅回路

解答

　この増幅回路は固定バイアス回路である．題意の $h_{FE} = I_C/I_B = 100$ から

$$100 = \frac{2 \times 10^{-3}}{I_B}, \quad I_B = 2 \times 10^{-5} \, [\text{A}]$$

となる．

　バイアス抵抗 R_{RB} の端子電圧 V_{RB} は $V_{CC} - V_{BE}$ と等しいので，

$$R_B = \frac{V_{CC} - V_{BE}}{I_B} = \frac{9 - 0.6}{2 \times 10^{-5}} = 420 \, [\text{k}\Omega]$$

が得られる．

例題 5.3　図 5.18 は，トランジスタ増幅器のバイアス回路である．ただし，V_{CC} は電源電圧，I_B はベース電流，I_C はコレクタ電流，I_E はエミッタ電流，R，R_B，R_C，R_E は抵抗である．

(1) 図 (a)〜(c) の回路は，固定バイアス回路，自己バイアス回路，電流帰還バイアス回路のどれだろうか．

(2) 図 (a)〜(c) の回路のベース – エミッタ間電圧 V_{BE} を示す式を導こう．

(3) 以下の 3 つの説明文は図 (a)〜(c) の回路のいずれに該当するだろうか．

　（ア）温度上昇によりベース電流 I_B が増加すると，I_E は増加するが，安定抵抗 R_E の電圧降下が増し，V_B は一定であるので V_{BE} が減少する．増幅特性がもっとも安定するバイアス回路である．

　（イ）温度上昇によりベース電流 I_B が増加すると，増幅特性が安定しないバイアス回路である．

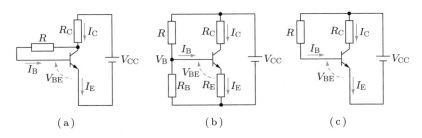

図 5.18　トランジスタ増幅器のバイアス回路

（ウ）温度上昇によりベース電流 I_B が増加すると，R_C の電圧降下でコレクタ‐エミッタ間の電圧 V_CE が抑えられ，増幅特性が安定する回路である．

解答

(1) 図 (a) は自己バイアス回路，図 (b) は電流帰還バイアス回路，図 (c) は固定バイアス回路である．

(2) 図 (a) の自己バイアス回路：$V_\mathrm{BE} = V_\mathrm{CC} - I_\mathrm{B}R - I_\mathrm{C}R_\mathrm{C}$
　　図 (b) の電流帰還バイアス回路：$V_\mathrm{BE} = V_\mathrm{B} - I_\mathrm{E}R_\mathrm{E}$
　　図 (c) の固定バイアス回路：$V_\mathrm{BE} = V_\mathrm{CC} - I_\mathrm{B}R$

(3) （ア）は図 (b) の電流帰還バイアス回路，（イ）は図 (c) の固定バイアス回路，（ウ）は図 (a) の自己バイアス回路の説明である．

5.5　トランジスタの h パラメータ

　図 5.19 は，交流信号に対するエミッタ接地トランジスタの静特性曲線を 1 つにまとめた模式図である．

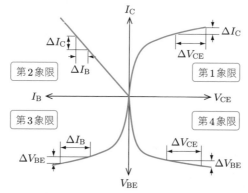

図 5.19　トランジスタの静特性曲線と h パラメータ

第 1 象限：コレクタ‐エミッタ間電圧 V_CE とコレクタ電流 I_C の出力特性（図 5.7(b)）

　　　　　特性曲線の傾き $h_\mathrm{oe} = \dfrac{\Delta I_\mathrm{C}}{\Delta V_\mathrm{CE}}$ はアドミタンス（出力アドミタンス）

第2象限：ベース電流 I_B とコレクタ電流 I_C の伝達特性（図 5.6(b)）

特性曲線の傾き $h_{fe} = \dfrac{\Delta I_C}{\Delta I_B}$ は電流増幅率†.

第3象限：ベース–エミッタ間電圧 V_{BE} とベース電流 I_B の入力特性（図 5.5(b)）

特性曲線の傾き $h_{ie} = \dfrac{\Delta V_{BE}}{\Delta I_B}$ は入力インピーダンス

第4象限：ベース–エミッタ間電圧 V_{BE} とコレクタ–エミッタ間電圧 V_{CE} の特性

特性曲線の傾き $h_{re} = \dfrac{\Delta V_{BE}}{\Delta V_{CE}}$ は電圧帰還率

上記の h_{oe}，h_{fe}，h_{ie}，h_{re} は h パラメータとよばれ，電子回路でよく用いられる．これは，トランジスタ回路を図 5.20 のように4端子回路網（または2端子対回路）として考え，その回路に出入りする電流や電圧を基に回路の中身を記述しようという発想である．

図 5.20　4 端子回路網の定義

図 5.20 において，入出力の電圧と電流の関係は

$$\begin{cases} V_1 = h_{11}I_1 + h_{12}V_2 \\ I_2 = h_{21}I_1 + h_{22}V_2 \end{cases} \tag{5.18}$$

で表され，これを行列形式で表すと

$$\begin{pmatrix} V_1 \\ I_2 \end{pmatrix} = \begin{pmatrix} h_{11} & h_{12} \\ h_{21} & h_{22} \end{pmatrix} \begin{pmatrix} I_1 \\ V_2 \end{pmatrix} \tag{5.19}$$

となる．このとき

$$(H) = \begin{pmatrix} h_{11} & h_{12} \\ h_{21} & h_{22} \end{pmatrix} \tag{5.20}$$

を h マトリクスまたは h 行列という．h マトリクスは2行2列の行列で，要素は $h_{11} \sim h_{22}$ の4つである．

---

† 直流の電流増幅率 h_{FE} は添え字が大文字なので注意されたい．

具体例として，エミッタ接地トランジスタの場合の入出力の電圧と電流の関係，h マトリクスと h パラメータを求めよう（図 5.21）．

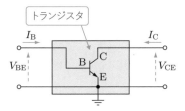

図 5.21　エミッタ接地トランジスタを 4 端子回路網で表す

入出力の電圧と電流は

$$V_1 = V_{\text{BE}}, \quad I_1 = I_{\text{B}}, \quad V_2 = V_{\text{CE}}, \quad I_2 = I_{\text{C}} \tag{5.21}$$

となるので，式 (5.18)，式 (5.19) を入出力の電圧と電流に置き換えた式は

$$\begin{cases} V_{\text{BE}} = h_{11}I_{\text{B}} + h_{12}V_{\text{CE}} \\ I_{\text{C}} = h_{21}I_{\text{B}} + h_{22}V_{\text{CE}} \end{cases} \quad \text{または} \quad \begin{pmatrix} V_{\text{BE}} \\ I_{\text{C}} \end{pmatrix} = \begin{pmatrix} h_{11} & h_{12} \\ h_{21} & h_{22} \end{pmatrix} \begin{pmatrix} I_{\text{B}} \\ V_{\text{CE}} \end{pmatrix} \tag{5.22}$$

となる．$\Delta V_{\text{BE}}/\Delta I_{\text{B}} = h_{\text{ie}}$，$\Delta V_{\text{BE}}/\Delta V_{\text{CE}} = h_{\text{re}}$，$\Delta I_{\text{C}}/\Delta I_{\text{B}} = h_{\text{fe}}$，$\Delta I_{\text{C}}/\Delta V_{\text{CE}} = h_{\text{oe}}$ より，h パラメータを置き換えると，

$$\begin{cases} V_{\text{BE}} = h_{\text{ie}}I_{\text{B}} + h_{\text{re}}V_{\text{CE}} \\ I_{\text{C}} = h_{\text{fe}}I_{\text{B}} + h_{\text{oe}}V_{\text{CE}} \end{cases} \quad \text{または} \quad \begin{pmatrix} V_{\text{BE}} \\ I_{\text{C}} \end{pmatrix} = \begin{pmatrix} h_{\text{ie}} & h_{\text{re}} \\ h_{\text{fe}} & h_{\text{oe}} \end{pmatrix} \begin{pmatrix} I_{\text{B}} \\ V_{\text{CE}} \end{pmatrix} \tag{5.23}$$

となる．

例題 5.4　交流小信号を入出力としたエミッタ接地トランジスタ増幅回路を図 5.22 に示す．ただし，R_L は負荷抵抗，i_{B} は入力電流，$i_{\text{C}} = 6 \times 10^{-3}\,[\text{A}]$ は出力電流，v_{B} は入力電圧，$v_{\text{C}} = 6\,[\text{V}]$ は出力電圧である．

h パラメータを用いて入出力信号の関係を表すと次式となる．

$$v_{\text{B}} = h_{\text{ie}}i_{\text{B}} + h_{\text{re}}v_{\text{C}}, \quad i_{\text{C}} = h_{\text{fe}}i_{\text{B}} + h_{\text{oe}}v_{\text{C}}$$

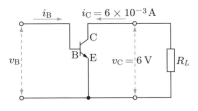

i_B $i_C = 6 \times 10^{-3}\,\mathrm{A}$

C

B E $v_C = 6\,\mathrm{V}$ R_L

v_B

図 5.22　エミッタ接地トランジスタ
増幅回路

表 5.1　h パラメータの数値

名称	記号	値
（ア）	h_{ie}	$3.5 \times 10^3\,[\Omega]$
電圧帰還率	（ウ）	1.3×10^{-4}
電流増幅率	（エ）	140
（イ）	h_{oe}	$9 \times 10^{-6}\,[\mathrm{S}]$

(1) 表 5.1 中の（ア），（イ），（ウ），（エ）を埋めよう．

(2) 入力信号の i_B と v_B の値を求めよう．

解答

(1) （ア）入力インピーダンス，（イ）出力アドミタンス，（ウ）h_{re}，（エ）h_{fe}.

(2) $i_C = h_{\mathrm{fe}} i_B + h_{\mathrm{oe}} v_C$ より，$6 \times 10^{-3} = 140\, i_B + 9 \times 10^{-6} \times 6$ となるので，

$$i_B = 4.2 \times 10^{-5}\,[\mathrm{A}]$$

が得られる．

　また，$v_B = h_{\mathrm{ie}} i_B + h_{\mathrm{re}} v_C$ より，$v_B = 3.5 \times 10^3 \times 4.2 \times 10^{-5} + 1.3 \times 10^{-4} \times 6$ となるので，

$$v_b = 0.15\,[\mathrm{V}]$$

が得られる．

5.6　電界効果トランジスタ

　電界効果トランジスタは FET（Field Effect Transistor の略）とよばれる半導体素子である．5.1～5.5 節で説明した npn 形または pnp 形の接合トランジスタは，電子または正孔の 2 種類のキャリアを使用したバイポーラ形であるが，FET は電子または正孔のどちらか 1 種類のキャリアのみで動作するユニポーラ形のトランジスタである．FET は接合形と MOS 形という 2 種類に大別される．

5.6.1　接合形 FET

　単純に FET といった場合，接合形 FET（Junction Field Effect Transistor，略して JFET）を指す．JFET の図記号を図 5.23 に示す．バイポーラトランジスタ

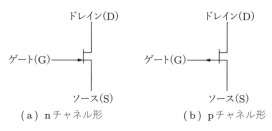

（a）nチャネル形　　　（b）pチャネル形

図 5.23　JFET の図記号

のベースに相当する端子をゲート (G)，エミッタに相当する端子をソース (S)，コレクタに相当する端子をドレイン (D) とよぶ．バイポーラトランジスタは，ベース－エミッタ間に流すベース電流によってコレクタ電流を制御する電流制御型の素子であるのに対して，FET はゲート－ソース間にゲート電圧を印加することによってドレイン電流を制御する電圧制御型の素子である．後述するように，JFETにはnチャネル形とpチャネル形とがある．

　nチャネル形の FET の動作原理を以下に示す．ゲート－ソース間に電圧が印可されていない状態が図 5.24(a) である．この状態は，n 形半導体のドレイン－ソー

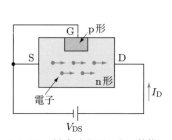

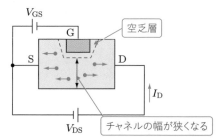

（a）V_{GS} が印加されていない状態　　　（b）V_{GS} が印加された状態

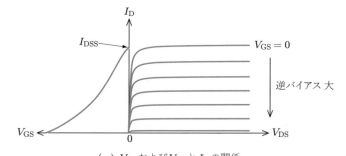

（c）V_{DS} および V_{GS} と I_D の関係

図 5.24　nチャネル形 JFET の動作原理

ス間に電圧 V_{DS} が印加されているので，ソースからドレインに向かって多数キャリアである電子が移動し，ドレイン電流 I_D が流れる．これをドレイン飽和電流 I_{DSS} という．多数キャリアの電子がソースからドレインに向かって走行するので，この部分をチャネルとよぶ．電子が走行するチャネルを n チャネルといい，このような JFET を n チャネル形 JFET という．

次に，ゲート – ソース間に電圧 V_{GS}（ドレインに対して逆バイアス）を印加すると，電子はソース側に引き寄せられ，ゲート直下および周りには空乏層が生じる（図 (b)）．ゲート電圧を大きくしていくと空乏層が広がり，チャネルの幅が減少する．チャネルの幅が減少することにより，ソースからドレインに移動する電子の数が制限され，その結果，ドレイン電流が減少する．したがって，ゲート電圧の変化でドレイン電流を制御することができる．

例として，ゲート – ソース間電圧 V_{GS} をパラメータにしたドレイン – ソース間電圧 V_{DS} とドレイン電流 I_D の関係と，V_{GS} と I_D の関係[†]をみると，図 (c) のようになる．同じドレイン – ソース間電圧 V_{DS} でも，ゲート – ソース間電圧 V_{GS} を大きくしていくとドレイン電流が減少していくことがわかる．

p チャネル形の場合（図 5.25）は，n チャネル形とは逆に，p 形半導体を土台に，n 形半導体をゲートに用いたタイプなので，多数キャリアは正孔になり，ドレインに対して正のバイアスである V_{GS} を印加することによりドレイン電流が小さくなる．

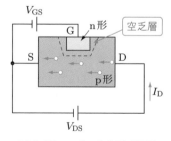

図 5.25 p チャネル形 JFET

5.6.2 MOSFET

MOSFET とは，金属酸化膜半導体電界効果トランジスタ（Metal Oxide Semiconductor Field Effect Transistor）の頭文字をとったもので，電界効果トランジ

[†] 伝達特性という．

スタ（FET）の１つである.

MOSFET は n 形半導体と p 形半導体を組み合わせてつくられているが，その構造によって n チャネル形 MOSFET と p チャネル形 MOSFET の 2 種類がある.それぞれのイメージと図記号を図 5.26 に示す.

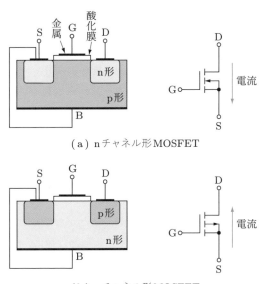

（a）n チャネル形 MOSFET

（b）p チャネル形 MOSFET

図 5.26　MOSFET と図記号

MOSFET にはドレイン (D)，ソース (S)，ゲート (G)，ボディー (B) の 4 つの端子が存在するが，通常，ボディー端子はソース端子とショートされているため，市販の MOSFET はドレイン，ソース，ゲートの 3 端子構造になっている（図 5.27）.

n チャネル形 MOSFET の場合（図 5.26(a)），ドレイン – ソース間は npn の構成となっており，ドレインに +，ソースに – の電圧 V_{DS} を印加しても，ドレイン –

図 5.27　MOSFET の外観

ソース間の pn 接合にとっては逆バイアスになるためドレイン電流 I_D は流れない.

ゲートに +，ソースに − の電圧 V_{GS} を印加すると，ゲート直下の p 形の正孔が下方に押しやられて n 形に反転し，n 形のチャネルが形成される．これによりドレイン電流 I_D が流れるようになり，ドレイン − ソース間が導通する（図 5.28(a)）.

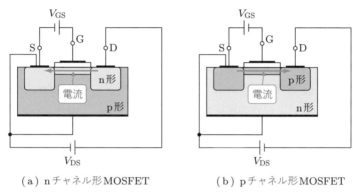

（a）n チャネル形 MOSFET　　　　　　（b）p チャネル形 MOSFET

図 5.28　ゲート − ソース間の電圧印加によるチャネル形成

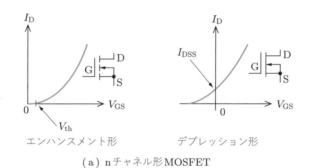

（a）n チャネル形 MOSFET

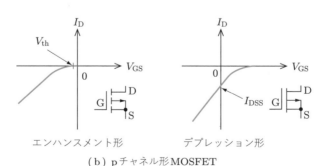

（b）p チャネル形 MOSFET

図 5.29　MOSFET のエンハンスメント形とデプレッション形

導通状態のドレイン−ソース間の抵抗（オン抵抗という）を小さくするためには，チャネルがもつ抵抗（チャネル抵抗）を低く抑える必要がある．

pチャネル形 MOSFET の場合は，p形と n形が逆になり，p形のチャネルが形成される（図(b)）．

MOSFET の特性として，ノーマリオフ（ゲート電圧 $V_{GS} = 0$ のときオフ）のエンハンスメント形と，ノーマリオン（ゲート電圧 $V_{GS} = 0$ のときオン）のデプレッション形がある（図5.29）．エンハンスメント形で，ドレイン電流が流れ始める V_{GS} の値 V_{th} をゲート閾値電圧という．また，デプレッション形で，$V_{GS} = 0$ で流れる電流 I_{DSS} をドレイン飽和電流という．n チャネル形 MOSFET は，ゲート−ソース間電圧 V_{GS} に正の電圧を加えたときにドレインからソースに対してドレイン電流 I_D が流れ，p チャネル形 MOSFET は，ゲート−ソース間電圧 V_{GS} に負の電圧を加えたときにソースからドレインに対してドレイン電流 I_D が流れる．

例題 5.5 以下の文章は，電界効果トランジスタに関する記述である．（ア）～（エ）に該当する用語を以下から選ぼう．

　　用語：正孔，電子，増加，減少，エンハンスメント形，デプレッション形，
　　　　　p，n

図5.30に示す MOSFET は，p形半導体表面に n形のソースとドレイン領域が形成されている．また，ゲート電極はソース−ドレイン間の p形半導体表面上に薄い酸化膜の絶縁層（ゲート酸化膜）を介して形成されている．ソースと p形半導体の電位を接地電位とし，ゲートに閾値電圧以上の正の電圧 V_{GS} を加えることで，絶縁層を隔てた p形半導体表面近くでは，（ア）が除去され，（イ）により形成される薄い層ができる．これを n形のチャネルといい，ま

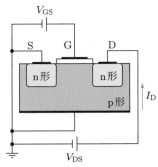

図5.30　MOSFET の構成と接続方法

た n形領域に反転したので反転層という．これにより，ソースとドレインが接続される．V_{GS} を上昇させるとドレイン電流 I_D は（ウ）する．ゲート−ソース間電圧 $V_{GS} = 0$ でチャネルが形成されていないとき，このような特性を（エ）という．この FET は（オ）チャネル形 MOSFET とよばれる．

解答

（ア）正孔，（イ）電子，（ウ）増加，（エ）エンハンスメント形，（オ）n

5.7 発光ダイオード

発光ダイオードは LED（Light Emitting Diode の略）ともよばれる．LED の発光メカニズムは半導体のエネルギーバンド図で説明でき，p 形半導体と n 形半導体の接合部である pn 接合部における電子と正孔の再結合によって発光する．LED のデバイス形状には，チップ形と砲弾形の 2 種類がある．

5.7.1 LED の構成

チップ形 LED と砲弾形 LED の写真を図 5.31(a), (b) に，また砲弾形 LED の模式図を図 5.32 に示す．砲弾形 LED は，長いリードフレームが ＋，短いリードフレームが － となる極性に直流電圧を加えることにより発光する．リードフレームは放熱のはたらきを兼ねる．LED の図記号は図 5.31(c) のように表す．

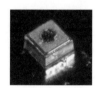

（a）チップ形LED   （b）砲弾形LED   （c）図記号

図 5.31　LED の写真

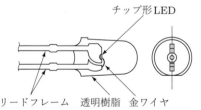

図 5.32　砲弾形 LED のデバイス構成

透明樹脂で形成した非球面の砲弾形状は，発光が広がらないようにある程度の指向性を得ることを目的としている．チップ形 LED の場合も，非球面の樹脂でチップ全体をカバーした構造になっている．

5.7.2 　LED の発光メカニズム

　LED のエネルギーバンド図を図 5.33 に示す．p 形半導体の多数キャリアは正孔，少数キャリアは電子である．一方，n 形半導体の多数キャリアは電子で，少数キャリアは正孔である（図中には多数キャリアである価電子帯の正孔と伝導帯の電子のみを記載している）．

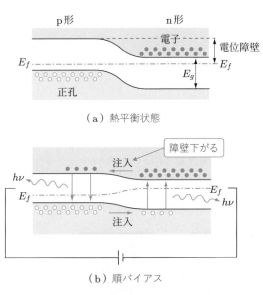

（a）熱平衡状態

（b）順バイアス

図 5.33　LED のエネルギーバンド図

　図 (a) は，電圧を印加していない熱平衡状態のエネルギーバンド図で，p 形半導体の正孔と n 形半導体の電子は熱平衡状態にあるので移動することはできない（図 4.10(a) と同様）．

　LED に順方向に電圧を印加すると電位障壁が低くなり（図 (b)），電子と正孔の再結合が起こる．再結合時の遷移に相当するエネルギーが光として放出されることになる．これが LED の発光のメカニズムである．

　電子と正孔が再結合するためには，電子と正孔がバンドギャップ E_g を超えるエネルギーを受け取る必要がある．すなわち，バンドギャップ E_g に相当するエネルギーを電子と正孔に与える必要がある．波長 λ の逆数である振動数を ν，プランク定数を h（$= 6.626 \times 10^{-34}$ [J·s]）とするとき，$h\nu$ のエネルギーをもつ光を放出するためには，少なくとも

$$h\nu = E_g \tag{5.24}$$

のエネルギーが必要となる.

また,波長 $\lambda\,[\mathrm{nm}]$[†1] とバンドギャップ $E_g\,[\mathrm{eV}]$ との間には

$$\lambda = \frac{1240}{E_g} \tag{5.25}$$

の関係がある. E_g の大きな半導体材料ほど短い波長,E_g の小さな材料ほど長い波長の光を発光する.たとえば,GaP($E_g = 1.8\sim2.26\,[\mathrm{eV}]$)の場合は,発光波長 λ は 549 [nm](緑色)〜700 [nm](赤色)となる.

5.7.3 LED の使用法

通常の LED は 1 [mA] 程度から発光を開始し,定格電流である 20〜30 [mA] で連続点灯する.定格を超えて長く点灯させると発熱,劣化が進み,結果としていずれ内部溶断を起こし,不点灯になる.

LED を直流電源に直接接続すると過大な電流が流れるため,図 5.34 に示すように,電流制限抵抗 R を挿入して使用する.このような回路を LED の駆動回路という.LED の定格電流 I_d と定格電流を流したときの LED の端子電圧 V_d の値は仕様書やカタログに記載されている[†2].直流電源を V_C とすると,電流制限抵抗 R はキルヒホッフの第 2 法則(☞1.2 節)から次式で求めることができる.

$$R = \frac{V_C - V_d}{I_d} \tag{5.26}$$

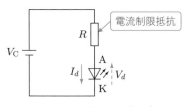

図 5.34　LED の駆動回路

---

†1　$1\,\mathrm{nm} = 10^{-9}\,\mathrm{m}$
†2　LED の端子電圧 V_d は,仕様書などでは「V_F」という記号で表示されている.

例題 **5.6** LED の駆動回路と電圧 – 電流特性を図 5.35 に示す．駆動回路に流れる電流 I_d を求めよう．

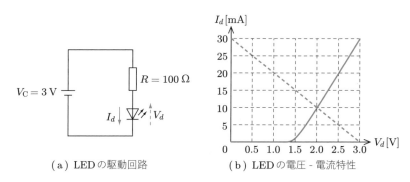

（a）LED の駆動回路 （b）LED の電圧 - 電流特性

図 5.35　LED の駆動回路と電圧 – 電流特性

解答

キルヒホッフの第 2 法則から

$$3 = 100 \times I_d + V_d$$

となるので，

$$I_d = \frac{3 - V_d}{100}$$

が得られる．式 (5.26) と同様である．

この式が成立する LED の動作点 (V_d, I_d) を図 (b) のグラフの直線と LED の電圧 – 電流特性の交点から求めると，$V_d = 2\,[\mathrm{V}]$，$I_d = 10\,[\mathrm{mA}]$ となる．

演習問題

5.1 問図 5.1(a) は，固定バイアス回路を用いたエミッタ接地トランジスタ増幅回路である．トランジスタのベース電流 I_B に対するコレクタ – エミッタ間電圧 V_CE とコレクタ電流 I_C の関係（出力特性）を問図 (b) に示す．また，問図 (b) には増幅回路の直流負荷線も示している．動作点を $V_\mathrm{CE} = 4.5\,[\mathrm{V}]$ としたときのバイアス抵抗 R_B の値を求めよ．ただし，ベース – エミッタ間電圧 V_BE は，直流電源電圧 V_CC に比べて十分小さく無視できるものとする．なお，R_L は負荷抵抗であり，C_1 と C_2 は結合コンデンサである．

5.2 以下はバイポーラトランジスタと電界効果トランジスタ（FET）に関する記述である．誤っているものがあれば訂正せよ．

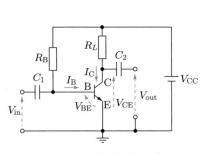
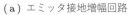

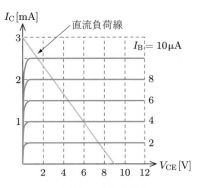

(a) エミッタ接地増幅回路   (b) 出力特性と直流負荷線

問図 5.1

(1) バイポーラトランジスタは，FET よりも消費電力が大きい．

(2) バイポーラトランジスタは電圧制御型素子，FET は電流制御型素子といわれる．

(3) バイポーラトランジスタは，FET よりも入力インピーダンスが低い．

(4) バイポーラトランジスタのコレクタ電流には自由電子および正孔の両方が関与し，FET のドレイン電流には自由電子または正孔のどちらかが関与する．

(5) バイポーラトランジスタは，静電気に対して FET よりも破壊されにくい．

5.3 以下は電界効果トランジスタ（FET）に関する記述である．誤っているものがあれば訂正せよ．

(1) 接合形と MOS 形に分類することができる．

(2) ドレインとソースとの間の電流の通路には，n 形と p 形がある．

(3) MOS 形はデプレッション形とエンハンスメント形に分類できる．

(4) エンハンスメント形はゲート電圧に関係なくチャネルができる．

(5) ゲート電圧で自由電子または正孔の移動を制限できる．

CHAPTER 6

オペアンプ

オペアンプはトランジスタとならんで電子回路でよく使われる電子部品の1つであり，端的にいうと，入力電圧を増幅させて出力する機能をもつ素子である．前章ではトランジスタを用いた増幅回路について説明したが，増幅回路を設計する際には，用途や目的により，実際にはトランジスタよりもオペアンプを使用することが多い．とくに後半で説明する差動増幅回路は，トランジスタでは実現できないオペアンプならではの増幅器である．

　本章では，基本となる反転増幅回路を例に，電圧が増幅されて出力される基本原理と特性を学ぶ．また増幅回路の応用として，非反転増幅回路や差動増幅回路の特徴についても説明する．

6.1 オペアンプの基本構成

　オペアンプ（Operatinal Amplifier）とは，演算増幅器とよばれる集積回路（IC：Integrated Circuit）の1つである．IC とは，1枚のシリコン結晶の基板（ウェハ）上にダイオード，トランジスタ，抵抗，コンデンサなどの素子を集積して回路構成したものである．以下本章では，OP アンプと表記する．

　OP アンプを外観で分類すると，キャン・パッケージ（Can Package），プリント基板挿入型のデュアルインライン・パッケージ（Dual In-line Package，略してDIP），プリント基板表面ハンダ実装型のクワッドフラット・パッケージ（Quad Flat Package，略して QFP）の3種類がある．後者の2種類はプラスチックパッケージで構成されている．DIP の外観を図 6.1 に示す．8ピンパッケージの DIP には1個または2個，14ピンのものには4個の OP アンプが収納されている．なかでも8ピン2個入りがもっとも一般的で種類も豊富である．

　DIP には目印が付けられており，パッケージの両サイドには複数本のピンが設けられている．8ピンの OP アンプを例に，パッケージを上から見たときのピンの番号，配置（Top View）を図 6.2 に示す．カタログや仕様書にはこの Top View が

図 6.1　8 ピン DIP の外観

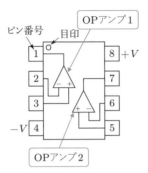

1	出力 1
2	反転入力(逆相入力)1
3	非反転入力(同相入力)1
4	−電源(−V)
5	非反転入力(同相入力)2
6	反転入力(逆相入力)2
7	出力 2
8	+電源(+V)

図 6.2　8 ピン DIP（2 回路）の Top View

記載されている.

　OP アンプを動作させるには正負の同じ大きさの供給電源（+V，−V）が必要で，このような電源を両電源という.

6.2　理想的なオペアンプ

　OP アンプの基本回路を図 6.3 に示す. この回路は，反転増幅回路とよばれ，OP アンプの基本形である. OP アンプの入力電圧と出力電圧の増幅比 V_o/V_i は抵抗 R_i と R_f により調整することができ，このことが「増幅回路」とよばれるゆえんである.

　OP アンプの入力側の − 端子を反転入力端子，+ 端子を非反転入力端子という. また，R_i を入力抵抗，R_f を帰還抵抗またはフィードバック抵抗という.

　OP アンプの基本回路を理解するためには，理想的な OP アンプ（理想 OP アンプ）の条件が必要となる. 理想 OP アンプの条件を以下に示す.

　条件 1：入力インピーダンスは無限大である.

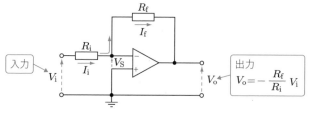

図 6.3　OP アンプの基本回路

条件 2：出力インピーダンスはゼロである.

条件 3：OP アンプの電圧増幅度 A_{OP} は無限大である.　増幅度のことを利得
　　　　という.

条件 4：OP アンプの入力端子間電圧 V_{S} はゼロである.

　理想的な OP アンプの条件を使って，図 6.3 の反転増幅回路の動作原理を説明し
よう.

　入力電圧 V_{i} から反転入力端子に流れ込む入力電流 I_{i} は，入力インピーダンスが
無限大であるため OP アンプには流れず，帰還抵抗 R_{f} 側に流れ込む. このこと
から

$$I_{\mathrm{i}} = I_{\mathrm{f}} \tag{6.1}$$

となる.

　$V_{\mathrm{i}} \to R_{\mathrm{i}} \to V_{\mathrm{S}}$ の閉回路（キルヒホッフの第 2 法則）から

$$V_{\mathrm{i}} - V_{\mathrm{S}} = R_{\mathrm{i}} I_{\mathrm{i}} \quad \Rightarrow \quad I_{\mathrm{i}} = \frac{V_{\mathrm{i}} - V_{\mathrm{S}}}{R_{\mathrm{i}}} \tag{6.2}$$

となる. また，$V_{\mathrm{S}} \to R_{\mathrm{f}} \to V_{\mathrm{o}}$ の閉回路（キルヒホッフの第 2 法則）から

$$V_{\mathrm{S}} - V_{\mathrm{o}} = R_{\mathrm{f}} I_{\mathrm{f}} \quad \Rightarrow \quad I_{\mathrm{f}} = \frac{V_{\mathrm{S}} - V_{\mathrm{o}}}{R_{\mathrm{f}}} \tag{6.3}$$

となる.

　ここで，OP アンプの電圧増幅度 A_{OP} は

$$A_{\mathrm{OP}} = \frac{V_{\mathrm{o}}}{V_{\mathrm{S}}} \tag{6.4}$$

である.

　次に，式 (6.4) で理想 OP アンプの条件 3 の $A_{\mathrm{OP}} = \infty$ を適用すると

$$V_{\mathrm{S}} = \frac{V_{\mathrm{o}}}{A_{\mathrm{OP}}} = \frac{V_{\mathrm{o}}}{\infty} = 0 \tag{6.5}$$

となる．これが理想 OP アンプの条件 4 の「入力端子間電圧 V_{S} はゼロ」の理由である．

入力端子間電圧 V_{S} がゼロということは，反転入力端子（−）と非反転入力端子（＋）間の電位差がゼロであることから，両端子は同じ電位であるとみなせる．ここで，非反転入力端子はグランドに接続されているので，非反転入力端子と同電位である反転入力端子もグランドと同じ電位になり，見かけ上はグランド電位とみなすことができる．このとき，反転入力端子を仮想接地（バーチャル・グランド）または仮想短絡（またはイマジナリー・ショート）という．

次に，式 (6.2) と式 (6.3) で $V_{\mathrm{S}} = 0$ とおくと，それぞれ

$$I_{\mathrm{i}} = \frac{V_{\mathrm{i}} - V_{\mathrm{S}}}{R_{\mathrm{i}}} = \frac{V_{\mathrm{i}}}{R_{\mathrm{i}}} \tag{6.6}$$

$$I_{\mathrm{f}} = \frac{V_{\mathrm{S}} - V_{\mathrm{o}}}{R_{\mathrm{f}}} = -\frac{V_{\mathrm{o}}}{R_{\mathrm{f}}} \tag{6.7}$$

となり，式 (6.1) の $I_{\mathrm{i}} = I_{\mathrm{f}}$ から

$$\frac{V_{\mathrm{i}}}{R_{\mathrm{i}}} = -\frac{V_{\mathrm{o}}}{R_{\mathrm{f}}} \tag{6.8}$$

となる．これより

$$V_{\mathrm{o}} = -\frac{R_{\mathrm{f}}}{R_{\mathrm{i}}} V_{\mathrm{i}} \tag{6.9}$$

が得られる．

式 (6.9) が，反転増幅回路の入力電圧 V_{i} と出力電圧 V_{o} の関係式である．負符号は，入力電圧と出力電圧の極性が反転することを意味する．V_{i} と V_{o} の符号が異なるので「反転」増幅回路とよばれる．出力電圧 V_{o} は，入力抵抗と帰還抵抗の比である係数 $R_{\mathrm{f}}/R_{\mathrm{i}}$ を入力電圧 V_{i} に乗じたものに等しくなる．

以上より，反転増幅回路の電圧増幅度 A は

$$A = \left| \frac{V_{\mathrm{o}}}{V_{\mathrm{i}}} \right| = \frac{R_{\mathrm{f}}}{R_{\mathrm{i}}} \tag{6.10}$$

となる．

例題 6.1　以下の理想 OP アンプの説明について，誤りがあれば訂正しよう．

(1) 入力インピーダンスは無限大である．

(2) 出力インピーダンスは無限大である．

(3) 反転入力端子に流れ込む電流はゼロである．

(4) 反転増幅回路では，出力電圧の極性は入力電圧の極性と同じである．

解答

(1) 正しい．理想 OP アンプの条件 1 のとおりである．

(2) 誤り．条件 2 に示すように，OP アンプの出力インピーダンスはゼロである．

(3) 正しい．問 (1) の説明から明らかなように，入力インピーダンスは無限大なので，入力端子からは電流が流れ込まない．

(4) 誤り．反転増幅回路では，入力電圧と出力電圧の極性は反転する．式 (6.9) の負符号はそのことを意味している．

例題 6.2　図 6.3 の反転増幅回路で，入力電圧 $V_i = 2$ [V]，入力抵抗 $R_i = 100$ [Ω]，帰還抵抗 $R_f = 1$ [kΩ] としたとき，電圧増幅度 A を求めよう．

解答

出力電圧 V_o は式 (6.9) より

$$V_o = -\frac{1000}{100} \times 2 = -20 \,[\text{V}]$$

電圧増幅度 A は式 (6.10) より

$$A = \left| -\frac{20}{2} \right| = 10 \quad \text{または} \quad A = \frac{1000}{100} = 10$$

となる．

6.3　オペアンプの応用回路

OP アンプの応用回路として，非反転増幅回路，差動増幅回路，電圧フォロワについて説明する．

非反転増幅回路の基本形を図 6.4 に示す.

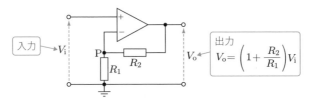

図 6.4　非反転増幅回路

点 P の電位 V_P は,出力電圧 V_o を抵抗 R_1 と R_2 とで分圧することで得られる（☞1.3 節）.

$$V_\mathrm{P} = \frac{R_1}{R_1 + R_2} V_\mathrm{o} \tag{6.11}$$

入力端子間電圧 V_S は理想 OP アンプでは $V_\mathrm{S} = 0$ となるので,入力電圧 V_i は V_P に等しくなる.

$$V_\mathrm{i} = \frac{R_1}{R_1 + R_2} V_\mathrm{o} \tag{6.12}$$

したがって,

$$V_\mathrm{o} = \frac{R_1 + R_2}{R_1} V_\mathrm{i} = \left(1 + \frac{R_2}{R_1}\right) V_\mathrm{i} \tag{6.13}$$

となる.すなわち,出力電圧 V_o は入力電圧 V_i の $(1 + R_2/R_1)$ 倍になることから,電圧増幅度は $(1 + R_2/R_1)$ となる.また,出力電圧の極性は入力電圧と同じとなり,「非反転」となる.これが非反転増幅回路とよばれるゆえんである.

例題 6.3　以下は図 6.5 の OP アンプ増幅回路の説明である.誤りがあれば訂正しよう.ただし,理想 OP アンプであるとする.

(1) 電圧増幅度は R_2/R_1 である.

(2) 入力抵抗は R_1 である.

(3) 抵抗 R_1 と抵抗 R_2 に流れる電流は等しい.

(4) 抵抗 R_1 に加わる電圧は入力電圧 V_i に等しい.

(5) 出力抵抗はゼロである.

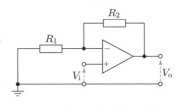

図 6.5　OP アンプ増幅回路

図 6.5 の回路を描き直すと，図 6.4 の非反転増幅回路になる.

(1) 誤り．電圧増幅度は式 (6.13) から $(1 + R_2/R_1)$ になる.

(2) 誤り．OP アンプの入力端子は非反転入力端子である．理想 OP アンプの入力インピーダンス（または抵抗）は無限大になる.

(3) 正しい．出力側から抵抗 R_2 を介して流れる電流は，反転入力端子との分岐点（図 6.4 の点 P）を通り，すべて抵抗 R_1 側に向かいグランドに流れる．すなわち，反転入力端子の入力インピーダンスは無限大なので，電流は流れない.

(4) 正しい．イマジナリー・ショートにより非反転入力端子と反転入力端子が等電位となるため，抵抗 R_1 に加わる電圧は入力電圧 V_1 と等しくなる.

(5) 正しい．出力抵抗は OP アンプの出力インピーダンスに依存し，理想 OP アンプではゼロとして扱う.

例題 6.4 図 6.6 に示す OP アンプ増幅回路で，抵抗 $R_2 = 10\,[\mathrm{k}\Omega]$ にかかる電圧が $1\,[\mathrm{V}]$ のとき，入力電圧 V_i と出力電圧 V_o を求めよう．ただし，理想 OP アンプであるとする.

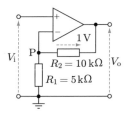

図 6.6 OP アンプ増幅回路

解答

この回路は非反転増幅回路で，図 6.4 の回路と同じである.

式 (6.13) から

$$V_\mathrm{o} = \left(1 + \frac{R_2}{R_1}\right) V_\mathrm{i} = \left(1 + \frac{10}{5}\right) V_\mathrm{i} = 3V_\mathrm{i}$$

となる.

抵抗 R_2 に流れる電流 I は，オームの法則により

$$I = \frac{1\,[\mathrm{V}]}{10\,[\mathrm{k}\Omega]} = \frac{1}{10000} = 0.0001\,[\mathrm{A}] = 0.1\,[\mathrm{mA}]$$

となる．この電流は，例題 6.3 の問 (3) より抵抗 R_1 に流れるため，点 P の電位（抵抗 R_2 にかかる電圧）は

$$V_{\mathrm{P}} = R_1 \times I = 5\,[\mathrm{k\Omega}] \times 0.1\,[\mathrm{mA}] = 0.5\,[\mathrm{V}]$$

となる.

反転入力端子（−）と非反転入力端子（＋）間の電位差がゼロであることから

$$V_{\mathrm{i}} = V_{\mathrm{P}} = 1\,[\mathrm{V}], \quad V_{\mathrm{o}} = 3V_{\mathrm{i}} = 3 \times 1 = 3\,[\mathrm{V}]$$

となる.

6.3.2 差動増幅回路

差動増幅回路は，反転増幅回路と非反転増幅回路を組み合わせたもので，反転入力端子と非反転入力端子の電位差を増幅して出力する．この回路は，センサを使用した計測回路でもっとも多く使用される増幅回路の 1 つである．

差動増幅回路を図 6.7 に示す．R_1 と R_2 が 2 つずつあり，それぞれ同じ値の抵抗を使用する．

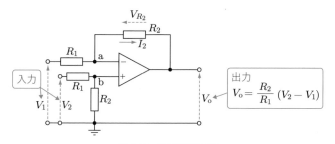

図 6.7　差動増幅回路

図中の点 a，点 b の電位をそれぞれ V_{a}，V_{b} とすると，点 b の電位は分圧の法則から

$$V_{\mathrm{b}} = \frac{R_2}{R_1 + R_2} V_2 \tag{6.14}$$

となる.

次に，電流 I_2 は，イマジナリー・ショート（$V_{\mathrm{a}} = V_{\mathrm{b}}$）から

$$I_2 = \frac{V_1 - V_{\mathrm{a}}}{R_1} = \frac{V_1 - V_{\mathrm{b}}}{R_1} \tag{6.15}$$

となる.

これより，帰還抵抗 R_2 の電圧降下 V_{R_2} は，

$$V_{R_2} = -I_2 \times R_2 \tag{6.16}$$

となる．V_{R_2} の方向は電流 I_2 と逆向きの方向となる．

一方，OP アンプの出力電圧 V_o は，

$$V_\mathrm{o} = V_\mathrm{a} + V_{R_2} = V_\mathrm{b} + V_{R_2} \tag{6.17}$$

となるので，式 (6.17) に式 (6.14)〜(6.16) を代入することで求められる．

$$
\begin{aligned}
V_\mathrm{o} &= V_\mathrm{b} + V_{R_2} \\
&= V_\mathrm{b} - I_2 \times R_2 \\
&= V_\mathrm{b} - \frac{V_1 - V_\mathrm{b}}{R_1} \times R_2 \\
&= \frac{R_1 + R_2}{R_1} V_\mathrm{b} - \frac{R_2}{R_1} V_1 \\
&= \frac{R_1 + R_2}{R_1} \times \frac{R_2}{R_1 + R_2} V_2 - \frac{R_2}{R_1} V_1 \\
&= \frac{R_2}{R_1}(V_2 - V_1) \tag{6.18}
\end{aligned}
$$

この式からわかるように，出力電圧 V_o は入力電圧 V_1 と V_2 の電位差を (R_2/R_1) 倍に増幅した大きさになる．式 (6.18) は差動増幅回路の基本式である．

例題 6.5 図 6.8 の差動増幅回路において，入力電圧 $V_1 = 30\,[\mathrm{mV}]$，$V_2 = 20\,[\mathrm{mV}]$，抵抗 $R_1 = 2\,[\mathrm{k\Omega}]$，$R_2 = 200\,[\mathrm{k\Omega}]$ であった．出力電圧 V_o を求めよう．ただし，理想 OP アンプであるとする．

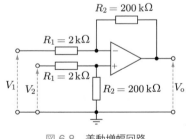

図 6.8　差動増幅回路

解答

差動増幅回路の基本式である式 (6.18) に $V_1 = 30\,[\mathrm{mV}]$，$V_2 = 20\,[\mathrm{mV}]$，抵抗 $R_1 = 2\,[\mathrm{k\Omega}]$，$R_2 = 200\,[\mathrm{k\Omega}]$ を代入すると，

$$V_\mathrm{o} = \frac{R_2}{R_1}(V_2 - V_1) = \frac{200}{2}(20 - 30) = -1000\,[\mathrm{mV}] = -1\,[\mathrm{V}]$$

が得られる.

例題 6.6 図 6.9 の差動増幅回路において，入出力の電圧値（$V_1 = 2\,[\mathrm{V}]$, $V_2 = 3\,[\mathrm{V}]$, $V_\mathrm{o} = 4\,[\mathrm{V}]$）を満たす抵抗 R_1 と R_2 の比を求めよう．ただし，理想 OP アンプであるとする.

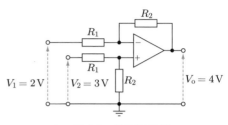

図 6.9　差動増幅回路

解答

差動増幅回路の基本式である式 (6.18) に $V_1 = 2\,[\mathrm{V}]$, $V_2 = 3\,[\mathrm{V}]$, $V_\mathrm{o} = 4\,[\mathrm{V}]$ を代入すると，

$$V_\mathrm{o} = \frac{R_2}{R_1}(V_2 - V_1) = \frac{R_2}{R_1}(3 - 2) = 4$$

となり，これより

$$\frac{R_2}{R_1} = 4$$

が得られる.

例題 6.7 図 6.10(a) の差動増幅回路に，図 (b) のように変化する電圧 v_1 と v_2 を入力した．このときの出力電圧 v_o の波形を描こう.

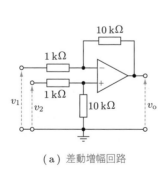

（a）差動増幅回路

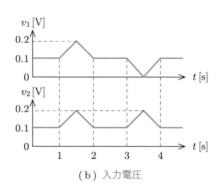

（b）入力電圧

図 6.10　差動増幅回路と入力電圧

解答

差動増幅回路の基本式である式 (6.18) に $R_1 = 1\,[\mathrm{k\Omega}]$, $R_2 = 10\,[\mathrm{k\Omega}]$ を代入すると,

$$v_{\mathrm{o}} = \frac{R_2}{R_1}(v_2 - v_1) = \frac{10}{1}(v_2 - v_1) = 10(v_2 - v_1)$$

となる.

入力電圧 v_1 と v_2 は図 (b) のように時間変化するため,それぞれの時間領域に分けて考える.

(1) $t = 0 \sim 3$, $4\,[\mathrm{s}] \sim$

$$v_1 = v_2 \text{より,} \quad v_{\mathrm{o}} = 10\,(v_2 - v_2) = 0\,[\mathrm{V}]$$

(2) $t = 3 \sim 4\,[\mathrm{s}]$

$$v_1 + v_2 = 0.2 \text{より,} \quad v_{\mathrm{o}} = 10\,(2v_2 - 0.2) = 20\,(v_2 - 0.1)\,[\mathrm{V}]$$

以上をまとめると,出力電圧 v_{o} の波形は図 6.11 のようになる.

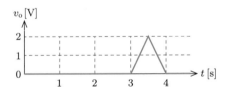

図 6.11　出力電圧 v_{o} の波形

6.3.3　電圧フォロワ

非反転増幅回路(図 6.4)において,$R_1 = \infty$,$R_2 = 0$ と考えると,図 6.12 に示す回路とみなすことができる.この回路は電圧フォロワ(ボルテージフォロワ)またはバッファ増幅器(インピーダンス変換器)とよばれている.この回路は入力インピーダンス Z_{i} が大きく,出力インピーダンス Z_{o} は小さくなるので(理想的には $Z_{\mathrm{i}} = \infty$, $Z_{\mathrm{o}} = 0$),計測回路で 2 つの回路間を接続するときに用いられる.

すなわち,電圧フォロワは入出力間のインピーダンスの変換のはたらきをし,入出力の電圧比は $V_{\mathrm{o}}/V_{\mathrm{i}} = 1$ となる.次の例題 6.8 を通して補足する.

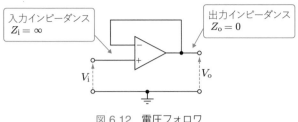

図 6.12　電圧フォロワ

例題 6.8　図 6.13(a) の回路において，電源電圧 $E = 10\,[\text{V}]$，信号源の内部抵抗 $r = 1\,[\text{k}\Omega]$，負荷の抵抗 $R = 1\,[\text{k}\Omega]$ である．

(1) 図 (a) の回路において，負荷に加わる電圧 V_R を求めよう．

(2) 図 (a) の回路に電圧フォロワを加えて図 (b) の回路とする．このとき，負荷に加わる電圧 V_R を求めよう．ただし，理想 OP アンプであるとする．

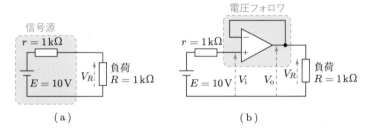

図 6.13

解答

(1) 分圧の法則により

$$V_R = \frac{R}{r + R}E = \frac{1}{2} \times 10 = 5\,[\text{V}]$$

となる．

(2) 電圧フォロワの入力インピーダンス Z_i は無限大なので，回路には電流はほとんど流れず，$V_i = E = 10\,[\text{V}]$ である．電圧フォロワの出力インピーダンス Z_o はゼロなので，式 (6.13) から，増幅率は

$$V_o = \left(1 + \frac{R_2}{R_1}\right)V_i = \left(1 + \frac{0}{\infty}\right)V_i = V_i$$

となり，入力電圧 V_i と出力電圧 V_o が等しくなる．したがって，負荷に加わ

る電圧も $V_R = 10\,[\text{V}]$ となる.

このことから，電圧フォロワを加えることで，内部抵抗の影響を受けずに負荷に電源電圧と同じ大きさの電圧を加えられることがわかる.

演習問題

6.1 問図 6.1 のような理想 OP アンプを用いた増幅回路がある．入力電圧 $V_i = 1\,[\text{V}]$ のときの出力電圧 V_o の値を求めよ.

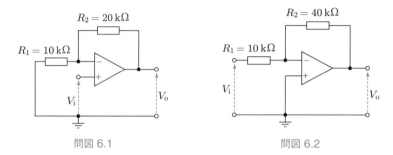

問図 6.1　　　　　　　　　　問図 6.2

6.2 問図 6.2 のような理想 OP アンプを用いた増幅回路がある．入力電圧 $V_i = 2\,[\text{V}]$ のときの出力電圧 V_o の値を求めよ.

6.3 問図 6.3 のような理想 OP アンプを用いた増幅回路がある．入力電圧 $V_i = 4\,[\text{V}]$ のときの出力電圧 V_o の値を求めよ.

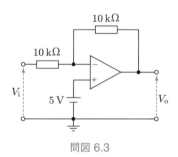

問図 6.3

CHAPTER 7

デジタル回路

コンピュータの集積回路はさまざまな半導体素子で構成されており，一見複雑そうに見える．しかし，回路全体の動作として見ると，入力として「0」または「1」の 2 種類の信号（電圧 High または Low）を与えたときに，出力信号が「0」になるか「1」になるかという論理動作として考えることができる．

そこで本章では AND，OR，NOT，NOR，NAND などの基本ゲートと，これらを組み合わせた論理回路をとり上げ，例題を解きながら論理動作の理解を深める．また，論理回路の応用として，一定の周期で信号を出力する自励発振回路や，コンピュータの記憶部として応用されているフリップフロップについて説明する．

7.1 デジタル IC と TTL

集積回路，IC とは，小さな半導体基板上に多くのトランジスタやダイオードなどを組み込み集積化した電子回路である．

デジタル IC を分類すると，表 7.1 のようにまとめられる．

表 7.1　デジタル IC の分類

分類	種類
構造	モノリシック IC，ハイブリッド IC
素子	バイポーラ形，MOS 形
機能	ロジック IC（演算），メモリ IC（データの保持）

モノリシック IC とは，図 7.1(a) のようにトランジスタ，ダイオード，抵抗，キャパシタを 1 枚の半導体基盤上につくりこみ，その表面を絶縁膜（主に SiO_2）で覆い，金属膜で配線をした後で端子を取り付け，プラスチックでパッケージ化したものである．通常，集積回路というとモノリシック IC を指す．一方，ハイブリッド IC は，図 (b) のように絶縁基板上に個別半導体素子，モノリシック IC，抵抗，コンデンサなどの電子部品を高密度に配置して，1 つの IC のようにパッケージン

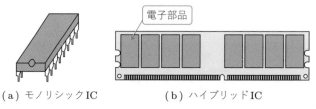

(a) モノリシック IC   (b) ハイブリッド IC

図 7.1　デジタル IC の構造

グしたものである.

　本章では，広く使用されているバイポーラ形トランジスタで構成されたロジック
IC（TTL，Transistor and Transistor Logic とよばれる）をとり上げる.

　TTL は回路の主要部分がバイポーラトランジスタによって構成され，5 [V] の電
源電圧で動作する（図 7.2）．図 (a) のような回路構成をしており，2 つのデジタ
ル信号 A，B を特定のピンに入力し，出力ピンからデジタル信号を取り出す（図
(b)）．IC に入力する信号は「1」（または電圧 High）あるいは「0」（または Low）
で，出力する信号も「1」あるいは「0」である.

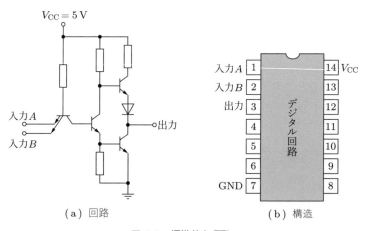

(a) 回路   (b) 構造

図 7.2　標準的な TTL

7.2　基本ゲート

　デジタル回路は，入力された「0」「1」の信号をもとに一定の判断をして「0」「1」
の信号を出力する，とみなすことができる．1 つのデジタル回路は異なる複数の基

本的な回路の組み合わせとして考えることができ，その最小単位をゲートという．
基本ゲートには，AND ゲート，OR ゲート，NOT ゲートの 3 種類がある．

　基本ゲートである AND ゲート，OR ゲート，NOT ゲートと，これらを組み合わせて構成した NAND ゲート，NOR ゲート，EX-OR ゲートについて，図記号，真理値表，論理式を以下で説明する．

7.2.1　AND ゲート

　AND ゲートの図記号を図 7.3 に示す．入力の「1」と「0」の組み合わせにより，出力 Y は表 7.2 のようになる．このような表を真理値表という．入力 A と B の両方が「1」のときのみ，出力 Y は「1」になる．

　入力と出力の関係を式で表すと

$$Y = A \cdot B \tag{7.1}$$

となる．このような式を論理式という．出力 Y は入力 A と B の積になり，この関係を論理積という．

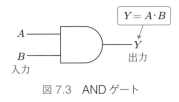

図 7.3　AND ゲート

表 7.2　AND ゲートの真理値表

入力		出力
A	B	Y
0	0	0
0	1	0
1	0	0
1	1	1

7.2.2　OR ゲート

　OR ゲートの図記号を図 7.4 に示す．入力 A と B のいずれかが「1」のときに出力 Y は「1」になる．入力 A と B の両方が「1」のときも，もちろん出力 Y は「1」になる．OR ゲートの真理値表を表 7.3 に示す．

　OR ゲートの論理式は

$$Y = A + B \tag{7.2}$$

となる．出力 Y は入力 A と B の和になるので，論理和という．

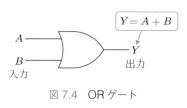

図 7.4　OR ゲート

表 7.3　OR ゲートの真理値表

入力		出力
A	B	Y
0	0	0
0	1	1
1	0	1
1	1	1

7.2.3　NOT ゲート

NOT ゲートの図記号を図 7.5 に示す．入力が「1」のときに出力 Y は「0」に，逆に入力が「0」のときに出力 Y は「1」になる．このように，NOT ゲートは入力信号を反転して出力することから，インバータともよばれる．NOT ゲートの真理値表を表 7.4 に示す．

NOT ゲートの論理式は

$$Y = \overline{A} \tag{7.3}$$

と表す．これを否定という．「$\overline{A}$」は A バーと発音し，バーは反転を意味する．図 7.5 の図記号で，出力に付加した丸印は否定を意味する．

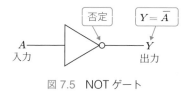

図 7.5　NOT ゲート

表 7.4　NOT ゲートの真理値表

入力	出力
A	Y
1	0
0	1

7.2.4　NAND ゲート

NAND ゲートは，AND ゲートの出力側に NOT ゲートを接続したもので（図7.6(a)），図記号は図 (b) のように表す．NAND ゲートの真理値表は表 7.5 のようになる．すなわち，入力 A と B の両方が「1」のときのみ出力 Y は「0」になり，それ以外の入力に対してはすべて「1」になる．AND ゲートと NOT ゲートの動作を組み合わせて考えれば，このようになることが理解できよう．

論理式は，

$$Y = \overline{A \cdot B} \tag{7.4}$$

と表す．これを否定論理積という．

（a）ANDゲートにNOTゲートを接続

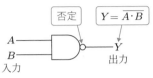

（b）NANDゲートの図記号

図 7.6　NAND ゲート

表 7.5　NAND ゲートの真理値表

入力		出力
A	B	Y
0	0	1
0	1	1
1	0	1
1	1	0

7.2.5　NOR ゲート

NOR ゲートは OR ゲートの出力側に NOT ゲートを接続したもので（図 7.7(a)），図記号は図 (b) のように表す．NOR ゲートの真理値表は表 7.6 のようになる．すなわち，入力 A と B の両方が「0」のときのみ出力 Y は「1」になり，それ以外の入力に対してはすべて「0」になる．OR ゲートと NOT ゲートの動作を組み合わせて考えるとわかりやすい．

論理式は，

$$Y = \overline{A + B} \tag{7.5}$$

と表す．これを否定論理和という．

（a）ORゲートにNOTゲートを接続

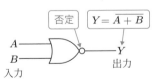

（b）NORゲートの図記号

図 7.7　NOR ゲート

表 7.6　NOR ゲートの真理値表

入力		出力
A	B	Y
0	0	1
0	1	0
1	0	0
1	1	0

7.2.6 EX-OR ゲート

EX-OR ゲートは排他的論理和ともよばれ，EX は exclusive（排他的）の略である．図記号を図 7.8 に示す．真理値表は表 7.7 のようになる．すなわち，入力 A と B の両方が「1」または「0」のとき，すなわち 2 つの入力が一致したときのみ，出力 Y は「0」になる．「排他的」の意味は，入力が異なるときに「1」を出力し，それ以外（入力が同じとき）は「0」を出力するということである．

論理式は，

$$Y = \overline{A} \cdot B + A \cdot \overline{B} \tag{7.6}$$

となる．

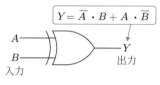

図 7.8　EX-OR ゲートの図記号

表 7.7　EX-OR ゲートの真理値表

入力		出力
A	B	Y
0	0	0
0	1	1
1	0	1
1	1	0

例題 7.1　図 7.9 の基本ゲートを組み合わせた論理回路の真理値表を作成しよう．

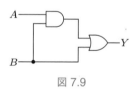

図 7.9

解答

これは AND ゲートの出力が OR ゲートの 1 つの入力となるように接続した論理回路である．入力 A と B の「1」と「0」の組み合わせで，AND ゲートと OR ゲートがどのように動作し，その結果，出力 Y がどのように動作するかを考えてみるとよい．

たとえば，A と B がともに「0」のときは AND ゲートの出力は「0」となるため，出力 Y は「0」と「0」の論理和の「0」となる．

真理値表は表 7.8 のようになる．

表 7.8　真理値表

入力		出力
A	B	Y
0	0	0
0	1	1
1	0	0
1	1	1

例題 7.2 図 7.10 の基本ゲートを組み合わせた論理回路の真理値表を作成しよう.

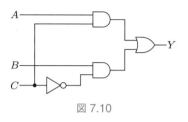

図 7.10

解答

図 7.9 の論理回路に, AND ゲートが 1 個追加されて 2 個になり, NOT ゲートが加わり, 入力が A, B, C の 3 つになった論理回路である. いままでと同様に, 入力 A, B, C の「1」と「0」の組み合わせを考え, AND ゲート, OR ゲート, NOT ゲートが個々にどのように動作するかを考えればよい.

たとえば, 入力 A と B が「1」, 入力 C が「0」の場合は, 各ゲートの入出力は図 7.11 のようになる.

入力 A, B, C の 8 種類の「1」と「0」の組み合わせを考えると, 真理値表は表 7.9 のようになる.

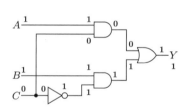

図 7.11 入力「1」,「1」,「0」の場合の各ゲートの入出力

表 7.9 真理値表

入力			出力
A	B	C	Y
0	0	0	0
0	0	1	0
0	1	0	1
0	1	1	0
1	0	0	0
1	0	1	1
1	1	0	1
1	1	1	1

7.3 基本ゲートの組み合わせ回路

基本ゲートを組み合わせてさまざまな回路をつくることができる. ここでは, バッファとよばれている二重反転回路と, NAND ゲートまたは NOR ゲートを使った NOT 回路について説明する.

信号を反転させる NOT ゲートを 2 個直列に接続する（図 7.12）．2 個直列に組み合わせると「反転の反転」，すなわち元の信号が出力されるので，回路を組む必要がないという理屈になるが，実用上はバッファとよばれる非常に重要な機能をもつ．

もともとバッファとは，データを一時的にプールしておく機能を指す．電気信号を長距離伝送すると信号が減衰してしまう．たとえば「1」であった信号の電圧が徐々に低下していくと，いずれは電圧 Low の「0」と見なされてしまう．それを防ぐため，伝送の途中で二重反転回路に通すことにより，信号の強度を修正して元に戻すことができる．これは遠方に信号を伝送させる重要な技術である．

論理式は

$$Y = \overline{\overline{A}} = A \tag{7.7}$$

となる．入力 A の反転は $\overline{A}$ なので，さらにこれを反転するという意味で $\overline{\overline{A}}$ と表記する．$\overline{\overline{A}}$ は元に戻るので，結局 A になる．

真理値表は表 7.10 のようになる．

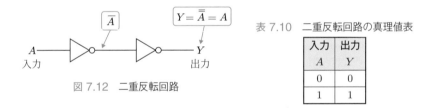

図 7.12　二重反転回路

表 7.10　二重反転回路の真理値表

入力	出力
A	Y
0	0
1	1

7.3.2 NAND または NOR ゲートから構成した回路

基本論理回路の 1 つである NOT ゲートを使わずに，NAND ゲートまたは NOR ゲートを使って NOT 回路をつくることができる．

NAND または NOR ゲートの 2 つの入力端子に同じ信号を入力する（図 7.13），すなわち NAND または NOR ゲートの入力 A，B にともに「0」または「1」値を入れると真理値表は表 7.11 のようになり，NOT 回路の真理値表に一致する．

さらに，他の論理回路（AND，OR）も NAND または NOR ゲートだけで構成できる．以下の例題で考えてみよう．

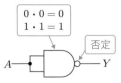

(a) NANDゲートの場合

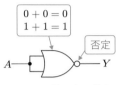

(b) NORゲートの場合

図 7.13 　NAND ゲートまたは NOR
ゲートから構成した NOT 回路

表 7.11 　NAND または NOR ゲートか
らつくった NOT 回路の真理
値表

入力		出力
A	B	Y
0	0	1
1	1	0

例題 7.3 　図 7.14 の回路の真理値表を作
成しよう.

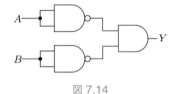

図 7.14

解答

　これは NAND ゲートを使用した 2 個の NOT 回路と，AND
ゲートの組み合わせ回路である．真理値表は表 7.12 のようにな
る．入力 A と B が「0」のときのみ出力 Y は「1」となる．す
なわち，NOR 回路となる.

表 7.12 　真理値表

入力		出力
A	B	Y
0	0	1
1	0	0
0	1	0
1	1	0

例題 7.4 　図 7.15 の回路の真理値表
を作成しよう.

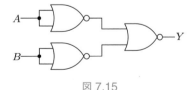

図 7.15

解答

　これは NOR ゲートを使用した 2 個の NOT 回路と 1 個の NOR ゲートの組み合わ
せ回路である．真理値表は表 7.13 のようになる．入力 A と B が「0」のとき出力 Y は
「0」，入力 A と B が「1」のとき出力 Y は「1」となる．また，入力 A と B の一方が

「1」，他方が「0」のときは出力 Y は「0」となる．すなわち，
AND 回路となる．

表 7.13　真理値表

入力		出力
A	B	Y
0	0	0
1	1	1
1	0	0
0	1	0

7.4　ド・モルガンの定理

　ド・モルガンの定理は，論理和と論理積を結び付ける重要な役割を果たす定理である．ド・モルガンの定理は抽象的で何に役立つか理解しにくいが，この定理によって回路部品の節約や，同じ機能をもつ別の回路の作成ができるようになる．

　たとえば，ド・モルガンの定理を使うことにより，3 つの回路を 2 つの回路で実現できたり，NAND 回路がないときに，OR 回路と NOT 回路を組み合わせてつくった NAND 回路で代用したりすることができる．NAND 回路のメリットは，NAND 回路だけで AND 回路，NOT 回路，OR 回路などの他の論理回路を表現できる点であり，コンピュータなどの論理演算は NAND 回路 1 種類の組み合わせで実現されている．

　NOR ゲートと NAND ゲートについて，ド・モルガンの定理の 2 つの論理式を用いて説明しよう．

7.4.1　NOR ゲート

　ド・モルガンの定理の 1 つである

$$\overline{A + B} = \overline{A} \cdot \overline{B} \tag{7.8}$$

について考えよう．

　左辺は NOR ゲートの論理式（$Y = \overline{A + B}$）である．右辺は NOT ゲートの出力（$\overline{A}$ と $\overline{B}$）を AND ゲートの入力にした場合の論理式（$Y = \overline{A} \cdot \overline{B}$）である．これらの関係を図 7.16 に示す．

　ベン図を用いて表すと，図 7.17 のようになる．**「A または B でない」は「A でない，かつ B でない」に等しい**と覚えよう．

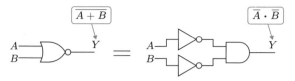

図 7.16　NOR ゲートについてのド・モルガンの定理

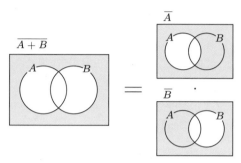

図 7.17　$\overline{A+B} = \overline{A} \cdot \overline{B}$ のベン図

NAND ゲート ─────────────────────

もう 1 つのド・モルガンの定理の論理式である

$$\overline{A \cdot B} = \overline{A} + \overline{B} \tag{7.9}$$

について考えよう.

　左辺は NAND ゲートの論理式 ($Y = \overline{A \cdot B}$) である．右辺は NOT ゲートの出力 ($\overline{A}$ と $\overline{B}$) を OR ゲートの入力にした場合の論理式 ($Y = \overline{A} + \overline{B}$) である．これらの関係を図 7.18 に示す.

　ベン図を用いて表すと，図 7.19 のようになる．「A かつ B でない」は「A でない，または B でない」に等しいと覚えよう.

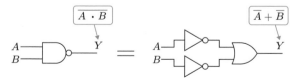

図 7.18　NAND ゲートについてのド・モルガンの定理

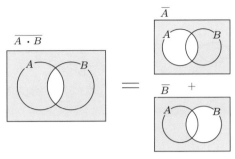

図 7.19 $\overline{A \cdot B} = \overline{A} + \overline{B}$ のベン図

例題 **7.5** 以下の 4 つの論理式に
対応した図記号を，図 7.20(a)〜(d)
から選択しよう．

(1) $\overline{A + B} = \overline{A} \cdot \overline{B}$

(2) $A + B = \overline{\overline{A} \cdot \overline{B}}$

(3) $\overline{A \cdot B} = \overline{A} + \overline{B}$

(4) $A \cdot B = \overline{\overline{A} \cdot \overline{B}}$

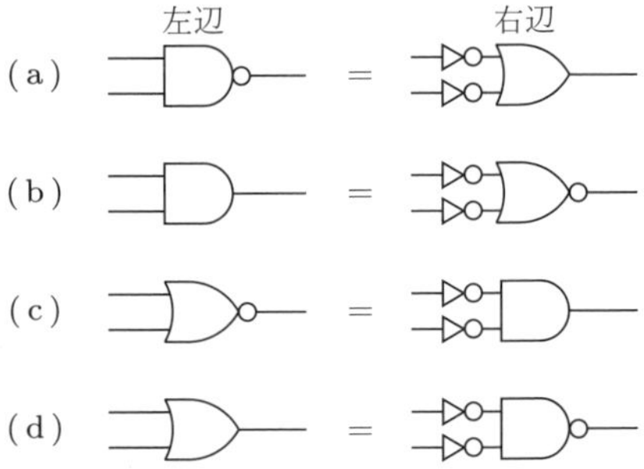

左辺　　　　　　　　　右辺

(a)

(b)

(c)

(d)

図 7.20

解答

図記号で付加した丸印は否定を意味するので，入力 A と B または出力が否定かどう
か，また，論理和か論理積かを確認して図記号を選択する．また，二重のバーは否定の
否定を意味する．

(1) は図 (c)，(2) は図 (d)，(3) は図 (a)，(4) は図 (b) である．

7.5 基本ゲートの応用回路

基本ゲートを組み合わせた応用回路として，NOT ゲートを使用した自励発振回
路と，NOR ゲートまたは NAND ゲートを使用したフリップフロップについて説
明する．

自励発振回路とは主回路のみで発振する回路である．これに対して，主回路以外で信号を発生する回路を他励発振回路という．

これまでの組み合わせ論理回路では，入力端子と出力端子を単独または他のゲートに接続するなどして使用してきた．これに対し，自励発振回路として使用する場合は，出力の一部を入力に戻すようにする．このようにすると，入力がなくても自分自身で出力し続けることができる．すなわち，回路にフィードバックをかけることにより自励発振回路をつくることができる．通常の回路と自励発振回路の使い方のイメージを図 7.21 に示す．

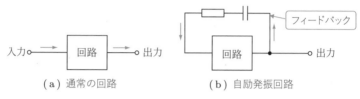

（a）通常の回路 　　　　　　　（b）自励発振回路

図 7.21　通常の回路と自励発振回路の違い

NOT ゲートを 2 個使用した自励発振回路を図 7.22 に示す．自励発振回路の出力信号でトランジスタを ON／OFF し，LED を点滅させる．

最初，出力点 A が「1」であり，LED が点灯しているとする．その一部が初段の NOT ゲートの入力点 B に戻され，点 B を「1」にする．この「1」は NOT ゲートを通して点 C を「0」にする．すると，抵抗 R_2 には下向きに電流が流れ，コンデンサが放電する一定時間が経過すると点 B の電圧が下がって「0」になり，NOT ゲートにより点 C は「1」，点 A は「0」となり，LED が消える．今度は逆に抵抗 R_2

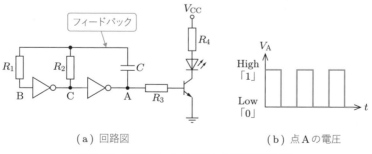

（a）回路図 　　　　　　　　　　（b）点 A の電圧

図 7.22　NOT ゲートを使用した自励発振回路

に上向きに電流が流れて、…と繰り返すことで LED が点滅する、すなわち自励発振の動作となる。この周期は回路の抵抗 R_2 とコンデンサ C の値によって決まる。これは、出力点 A からの信号の伝達にコンデンサにより遅延が生じるためである。

7.5.2 フリップフロップ

フリップフロップは多くの電子回路に使われている記憶装置である。コンピュータの中央演算装置（CPU）内のレジスタやカウンタの記憶部として、また演算中の現在の状態の保存などに使われている。

フリップフロップは、一時的に「1」または「0」の信号を記憶したり、入力のデジタル信号をカウントしたりする機能をもつ。その機能により、RS フリップフロップ、D フリップフロップ、JK フリップフロップ、T フリップフロップがある。以下、もっとも一般的であり、多く使用されている RS フリップフロップについて説明する。

RS フリップフロップの図記号と 2 つの NOR ゲートを使用した回路図、真理値表を図 7.23 と表 7.14 に示す。

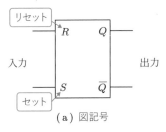

(a) 図記号

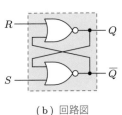

(b) 回路図

図 7.23　RS フリップフロップの
図記号と回路図

表 7.14　RS フリップフロップの真理値表

入力		出力		備考
S	R	Q	$\overline{Q}$	
1	0	1	0	セット
0	1	0	1	リセット
0	0	保持		
1	1	禁止		

　入力 S が「1」、R が「0」をセット状態、S が「0」、R が「1」をリセット状態という。入力 S と R をともに「0」にすると、出力 Q、$\overline{Q}$ は変化せずに直前の値を保

持する．S と R をともに「1」にすると Q，$\overline{Q}$ は不定になるので，そのような入力は禁止されている．

NOR ゲートによる RS フリップフロップを使用した LED 点灯回路を図 7.24 に示す．

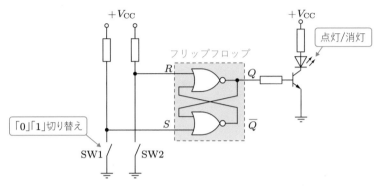

図 7.24　RS フリップフロップを使用した LED 点灯回路

最初に，スイッチ SW1 を ON にし，グランド側に接続して，入力 R を「0」にする．また，スイッチ SW2 は OFF にし，電源側（$+V_{\mathrm{CC}}$）に接続して，入力 S を「1」にする．すると出力 Q は「1」になるので，LED は点灯する．

次に，SW2 を ON にして入力 S を「0」にしても LED は消灯せず，前の点灯状態を保持（記憶）する．これが入力 R と S がともに「0」の場合である．

この後，SW1 を OFF にして入力 R を「1」にすると，出力 Q が「0」になり，ここで初めて LED は消灯する．すなわち，リセットがかかったことを意味する．

このように，RS フリップフロップは入力の状態によって出力がセット（LED 点灯）したり，リセット（LED 消灯）したり，これらの状態を記録する．

例題 7.6　図 7.23(b) の RS フリップフロップのタイムチャート（図 7.25）を完成させよう．ただし，はじめの出力 Q を「0」，$\overline{Q}$ を「1」とする．

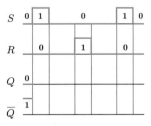

図 7.25　RS フリップフロップのタイムチャート

解答

表 7.14 の真理値表を見ながら出力 Q と $\overline{Q}$ のタイムチャートを完成させると，図 7.26 のようになる．すなわち，入力 S が「1」，R が「0」で出力 Q がセット状態となり，S，R がともに「0」で保持状態となる．そして S が「0」，R が「1」でリセット状態となる．これの繰り返し動作となる．

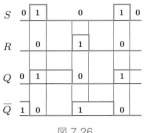

図 7.26

演習問題

7.1 問図 7.1 の論理回路の入力 A と B に対する出力 Y の論理式を求めよ．

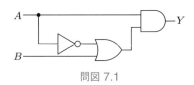

問図 7.1

7.2 以下の論理式が示す論理回路を作成せよ．

$$Y = A + B \cdot C$$

APPENDIX Ⓐ

電磁気学の基礎

電磁気学は，電気回路と電子回路を学ぶ過程で，式の導出や現象の説明などで必要最低限度の基礎を理解することが必要となる．それらを一通り学べるようにまとめたので，本文の参考とされたい．

A.1 電荷量と電流

金属などの導体（断面積 $S\,[\mathrm{m^2}]$）を電子（負電荷）が流れているとする（図 A.1）．$t\,[\mathrm{s}]$（s は時間「秒」の単位）間に $Q\,[\mathrm{C}]$（クーロン C は電荷の単位）の電荷が流れたときの電流の大きさを $I\,[\mathrm{A}]$ とするとき，次の関係式が成り立つ．

$$I = \frac{Q}{t} \quad \text{または} \quad Q = It \tag{A.1}$$

正電荷の流れる方向が電流の流れる方向と定義されているので，電子の流れる方向と電流の流れる方向は逆になる．

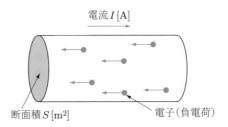

電流 $I\,[\mathrm{A}]$

断面積 $S\,[\mathrm{m^2}]$　　電子（負電荷）

図 A.1　導体を流れる電荷と電流

密度 $n\,[\text{個}/\mathrm{m^3}]$ の電子が速度 $v\,[\mathrm{m/s}]$ で断面積 $S\,[\mathrm{m^2}]$ を通過すると仮定すると，$t\,[\mathrm{s}]$ 間に断面積を通過する電子数は

$$(n \times v \times S)\,[\text{個}/\mathrm{s}] \times t\,[\mathrm{s}] = nvSt\,[\text{個}] \tag{A.2}$$

となり，電子 1 個の電荷量は $e = 1.6 \times 10^{-19}\,[\mathrm{C}]$ であるので，流れる電流は

$$I = envS \, [\mathrm{A}] \tag{A.3}$$

と表される. すなわち, 電子 (電荷) の密度 n, 速度 v, 断面積 S が大きいほど, 電流は大きくなる.

　電位とは, $+1 \, [\mathrm{C}]$ の電荷 (単位電荷ともいう) のもつ位置エネルギー (ポテンシャルエネルギー) を意味する. 位置エネルギーとは, 基準位置から $+1 \, [\mathrm{C}]$ の電荷をその位置まで運ぶ仕事量 $[\mathrm{J}]$ (ジュール J はエネルギーの単位) である.

　電位の単位は, 単位電荷 ($+1 \, [\mathrm{C}]$) あたりの仕事量 $[\mathrm{J}]$ という意味で, $[\mathrm{J/C}]$ と表記する. また, この単位は $[\mathrm{J/C}] = [\mathrm{V}]$ (ボルト) になる.

　電荷 $Q \, [\mathrm{C}]$ を電位 $V \, [\mathrm{V}]$ の位置に置いたときに電荷 Q がもつ位置エネルギーは, 単位電荷の Q 倍の $QV \, [\mathrm{J}]$ となる.

　電位差とは, 2 点間の電位の差のことをいう. また, 電位差のことを電圧という. たとえば, 図 A.2 のように電位 $V_{\mathrm{A}} \, [\mathrm{V}]$ の点 A に置かれた電荷 $Q \, [\mathrm{C}]$ を, 電位 $V_{\mathrm{B}} \, [\mathrm{V}]$ の点 B に移動させると, A-B 間の電位差は

$$V_{\mathrm{B}} - V_{\mathrm{A}} \, [\mathrm{V}] \tag{A.4}$$

であるため, 位置エネルギーの変化は

$$Q(V_{\mathrm{B}} - V_{\mathrm{A}}) \, [\mathrm{J}] \tag{A.5}$$

となる. これはすなわち, 電荷 Q に電圧 $V = V_{\mathrm{B}} - V_{\mathrm{A}}$ を加えると, 電荷のもつエネルギーが $QV \, [\mathrm{J}]$ だけ大きくなることを意味している.

図 A.2 電圧とエネルギー変化

A.3 誘電分極とコンデンサ

　絶縁物を電界の中に置くと絶縁物内部に正負の電荷が分極して現れる．これを誘電分極という．

　誘電体に外部から電界を加えたときの誘電分極のイメージを図 A.3 に示す．誘電体に電圧（電場）を加えると，誘電体を構成する誘電体分子（または原子）が図のように分極し，正負の電荷をつくる．これを分極電荷という．誘電体内部では，正負の電荷どうしが打ち消し合って電気的に中性になる．誘電体の表面（正負電極に接した表面）には，分極の片割れであるプラスの電荷とマイナスの電荷が現れる．これらの電荷は分極の片割れなので，自由電子のように外部に取り出すことはできない．このため，正負電極の反対側にはこれらの分極電荷と反対符号の電荷（$+Q$，$-Q$）が帯電して現れる．

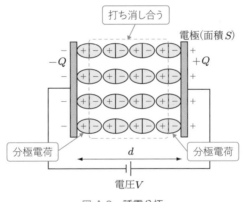

図 A.3　誘電分極

　誘電体の誘電分極の分極の程度（しやすさ）を表すパラメータを誘電率といい，ε（イプシロン）で表す．単位は [F/m] である．F は静電容量の単位で，ファラッドと発音する．ε は誘電体によって決まる固有の値である．

　図 A.3 のように，2 枚の平板電極で誘電体を挟むことにより電荷を蓄えるようにした構成の電子デバイスをコンデンサという．

　図において，正負電極の面積を S，電極間距離を d とし，両電極間に印加する電圧を V，そのとき帯電する電荷を $+Q$，$-Q$ とすると，電荷は

$$Q = \varepsilon S \frac{V}{d} \equiv CV \tag{A.6}$$

と表される．ここで，

$$C = \frac{\varepsilon S}{d} \tag{A.7}$$

は静電容量またはキャパシタンスとよばれ，単位は [F] である．静電容量 C は誘電率 ε と電極面積 S に比例し，電極間距離 d に反比例する．またこのとき，コンデンサに蓄えられる静電エネルギーは

$$W = \frac{1}{2}CV^2 \tag{A.8}$$

となる．キャパシタンス C を一定とすると，静電エネルギー W は電圧 V の 2 乗に比例する．

コンデンサに蓄えられた電荷は，電源から流れ出した電荷（電流）によるものと考えることもできる．電圧を加えると電流が流れ始め，コンデンサが充電されるにつれ徐々に電流は小さくなり，最終的には流れなくなる．このように，電流 $i(t)$ が時間変化することを考慮すると，時間 t までにコンデンサに蓄えられる電荷 $q(t)$ は

$$q = \int_0^t i\,dt \tag{A.9}$$

と表すことができ，このときコンデンサによる電圧降下 v_C は，式 (A.6) より

$$v_C = \frac{1}{C}\int_0^t i\,dt \tag{A.10}$$

となる．このように，コンデンサによる電圧降下はすぐに電源電圧 V に等しくなるのではなく，電荷が蓄えられるに従い徐々に増加していく（☞Appendix B）．

A.4 磁界と電流の関係

磁石には N 極と S 極があり，N 極から S 極に向かって磁力線が発生する（図 A.4(a)）．これは，プラスの電荷からマイナスの電荷方向に電気力線が発生するのと似た現象である．磁石の周りの磁界の様子は，この磁力線によって表される．

N 極から出た磁力線は必ず S 極に入るため，N 極から出た磁力線の総数と S 極に入ってきた磁力線の総数は等しくなる．磁極の磁荷をそれぞれ $\pm m$ [Wb] とすると（ウェーバー Wb は磁荷の単位），N 極からは m/μ_0 [本] の磁力線が出て，S 極には m/μ_0 [本] の磁力線が入る．ここで，$\mu_0 = 1.257 \times 10^{-6}$ [N/A^2] は真空の透磁

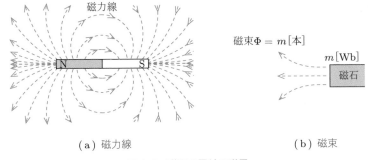

(a) 磁力線   (b) 磁束

図 A.4　磁石の周りの磁界

率である.

　磁束とは，磁極 m [Wb] から出た磁力線の束を m [本] と定義したものである（図 (b)）.

　導体に電流を流すと，導体の周りに磁界が発生する．電流の流れる方向と磁界の方向は右ねじの関係にある．ねじを右回りに回すとねじは先に進む．ねじの右回りの方向を磁界の方向（磁力線の方向）とすると，ねじの進む方向が電流の方向になる．これをアンペールの右ねじの法則という（図 A.5）.

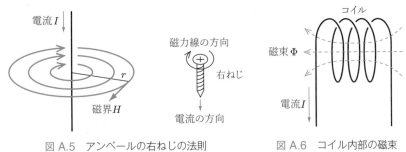

図 A.5　アンペールの右ねじの法則　　　図 A.6　コイル内部の磁束

　導体を図 A.6 のように巻いたものをコイルという．コイルに電流を流すと，アンペールの右ねじの法則に従って図のように磁束が生じる.

　図 A.4(b) と図 A.6 を対比すると，磁石による磁束と電流により生じる磁束を同様に考えることができる.

A.5　コイルと電磁誘導

コイルの中に磁石を出し入れすることにより，コイルに鎖交する磁束が変化する．時間 Δt [s] の間に鎖交する磁束が $\Delta \Phi$ [Wb] だけ変化すると，1 巻のコイルに起電力 e [V] が発生する．式で表現すると

$$e = -\frac{\Delta \Phi}{\Delta t} \tag{A.11}$$

となる．コイルの巻数を N [回] とすれば，コイルの両端には

$$e = -N\frac{\Delta \Phi}{\Delta t} \tag{A.12}$$

の電圧が発生する．これを電磁誘導電圧または電磁誘導起電力という．

起電力 e の大きさは，巻数 N と磁束の時間変化の速さに比例する．式 (A.12) をファラデーの電磁誘導の法則という．

式 (A.12) の負符号は，電流と磁束の方向が右ねじの法則に従わない電磁誘導電圧が発生することを意味する．これをレンツの法則または反作用の法則という．レンツの法則はファラデーの電磁誘導の法則の負符号の意味を説明したものである．

コイルに電流を流したときの右ねじの法則と，コイルに磁石を近づけたときの電流と磁束の関係を図 A.7 に示す．図 (b) のコイルに磁石を近づけたときのコイルの N 極と S 極は，図 (a) の右ねじの法則に従う場合と逆になる．

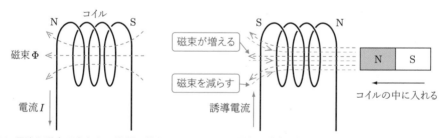

(a) 電流と磁束は右ねじの法則に従う　　(b) 電流と磁束は右ねじの法則と逆になる

図 A.7　右ねじの法則とファラデーの電磁誘導の法則の違い

磁石をコイルに近づけてコイルを貫通する磁束数を増やそうとすると，右ねじの法則に逆らうように逆方向の電流が流れ，増加していく磁束（コイルに入ってくる磁束）を減らすようにコイルには反対方向の磁束を発生させる．逆方向の電流を誘導電流という．逆に，磁石をコイルから遠ざけるとコイルを貫通する磁束が減って

くるので，磁束を増やそうと反対方向の磁束が発生する．この反対方向の磁束を発生させるための起電力が電磁誘導電圧であり，電磁誘導電圧によって誘導電流が流れる．電磁誘導電圧のことを逆起電力ともいう．

ここで，コイルに時間変化する電流 $i(t)$ が流れる場合を考えよう．コイルに発生する磁束は流れる電流の大きさに比例するので，コイルによる電磁誘導電圧 v_L は，式 (A.12) より

$$v_L = N\frac{\Delta\Phi}{\Delta t} = L\frac{\Delta i}{\Delta t} \to L\frac{di}{dt} \tag{A.13}$$

と表すこともできる．ここで，L はインダクタンスとよばれ，単位は [H]（ヘンリー）である．式 (A.13) からわかるように，コイルによる電圧降下 v_L の大きさは電流 i ではなく，その変化量 di/dt に比例する．

なお，コイルに蓄えられる静電エネルギーは，

$$W = \frac{1}{2}LI^2 \tag{A.14}$$

で与えられ，インダクタンス L を一定とすると，電流 I の 2 乗に比例する．

APPENDIX B

過渡現象の基礎

電気回路の過渡現象の解法には，古典的解法とラプラス変換による解法とがある．ここでは，RL 直列回路と RC 直列回路の古典的解法による過渡現象について説明する．

B.1 RL 直列回路

B.1.1 回路方程式

図 B.1 の回路において，時刻 $t = 0$ でスイッチ S を閉じ，直流電圧 E を加えたときに回路に流れる電流 i とインダクタ L の端子電圧 v_L の時間的な変化を調べよう．

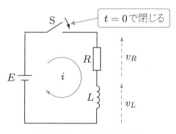

図 B.1 RL 直列回路

抵抗の端子電圧を v_R，インダクタの端子電圧を v_L とすると，キルヒホッフの第2法則から

$$v_R + v_L = E \tag{B.1}$$

となり，端子電圧 v_R と v_L は

$$v_R = Ri, \quad v_L = L\frac{di}{dt} \tag{B.2}$$

となる．電流 i は時間 t についての関数 $i(t)$ となる．式 (B.1) に式 (B.2) を代入すると，電流 i についての微分方程式

$$Ri + L\frac{di}{dt} = E \tag{B.3}$$

が得られる.

このような方程式を，過渡現象では回路方程式という．通常，過渡現象を考える
場合は，最初に回路方程式を導くことになる.

B.1.2　古典的解法

古典的解法では，以下の手順で解いていく.

> **Step 1** 定常解：スイッチ S を閉じてから十分時間が経過した後の定常状態
> における解
>
> **Step 2** 過渡解：スイッチ S を閉じてから定常状態になるまでの過渡状態に
> おける解
>
> **Step 3** 一般解：定常解と過渡解の和
>
> **Step 4** 特殊解：スイッチ S を閉じた瞬間（$t = 0$）において，一般解に初期
> 条件を入れて導いた解

上記の 4 ステップで，式 (B.3) を電流 i について解いていこう.

Step 1　定常解

スイッチ S を閉じてから十分時間が経過した後は電流は変化しないとみなして，
$di/dt = 0$ とする．したがって，式 (B.3) の回路方程式は $E = Ri$ となり，

$$i = \frac{E}{R} \tag{B.4}$$

が得られる.

Step 2　過渡解

過渡解を求めるためには，以下のような定石がある.

式 (B.3) の右辺を 0 と置く.

$$Ri + L\frac{di}{dt} = 0 \tag{B.5}$$

式 (B.5) を以下のように変形する．このような変形を変数分離という.

$$\frac{di}{i} = -\frac{R}{L}dt \tag{B.6}$$

式 (B.6) の両辺を積分すると，

$$\int \frac{di}{i} = -\frac{R}{L} \int dt \tag{B.7}$$

となり，式 (B.7) からさらに

$$\ln i = -\frac{R}{L}t + c \quad (c : 積分定数) \tag{B.8}$$

が得られる．したがって，式 (B.8) から

$$i = e^{-\frac{R}{L}t+c} \tag{B.9}$$

となり，式 (B.9) を書き換えると，

$$i = e^{-\frac{R}{L}t+c} = e^c e^{-\frac{R}{L}t} = Ce^{-\frac{R}{L}t} \tag{B.10}$$

となる（定数 $e^c = C$ とする）．これが過渡解である．

なお，式 (B.5)〜(B.10) で導かれた解を，以下のように公式として覚えておくと便利である．

$$Ax + B\frac{dx}{dt} = 0 \text{ の解は，} x = Ce^{-\frac{A}{B}t} \quad (C \text{ は定数}) \tag{B.11}$$

Step 3　一般解

定常解と過渡解の和は，式 (B.4) と式 (B.10) から

$$i = \frac{E}{R} + Ce^{-\frac{R}{L}t} \tag{B.12}$$

となる．これが一般解である．

Step 4　特殊解

初期条件は，時刻 $t = 0$ のとき電流 $i = 0$ である．この条件を一般解の式 (B.12) に代入する．

$$0 = \frac{E}{R} + Ce^{-\frac{R}{L}\cdot 0} = \frac{E}{R} + C\cdot 1 \tag{B.13}$$

ここで，$e^{-\frac{R}{L}\cdot 0} = e^0 = 1$ を用いた．これより，定数 C は

$$C = -\frac{E}{R} \tag{B.14}$$

となる．これを一般解の式 (B.12) に代入すると，

$$i = \frac{E}{R} + Ce^{-\frac{R}{L}t} = \frac{E}{R} - \frac{E}{R}e^{-\frac{R}{L}t} = \frac{E}{R}\left(1 - e^{-\frac{R}{L}t}\right) \tag{B.15}$$

が得られる．これが特殊解である．

式 (B.15) の時間 t と電流 i の関係をグラフに表そう．横軸に時間 t，縦軸に電流 i をとったグラフを図 B.2(a) に示す．電流 i は時間経過とともに漸次増加して，十分な時間経過後は E/R に漸近していく．このように，電流 i の時間 t に対する経時変化を過渡応答という．

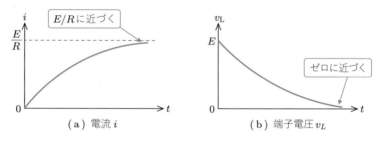

図 B.2　RL 直列回路の過渡応答

次に，インダクタ L の端子電圧 v_L とその過渡応答を求めよう．

式 (B.2) の v_L に式 (B.15) を代入すると，

$$\begin{aligned}
v_L &= L\frac{di}{dt} = L\frac{d}{dt}\left\{\frac{E}{R}\left(1 - e^{-\frac{R}{L}t}\right)\right\} \\
&= -L\frac{E}{R}\frac{d}{dt}e^{-\frac{R}{L}t} \\
&= -L\frac{E}{R}\left(-\frac{R}{L}\right)e^{-\frac{R}{L}t} \\
&= Ee^{-\frac{R}{L}t} \tag{B.16}
\end{aligned}$$

が得られる．

時間 t に対する端子電圧 v_L の過渡応答は図 B.2(b) のようになる．端子電圧 v_L は時間経過とともに漸次減少し，十分な時間経過後はゼロに漸近していく．

電流 i と端子電圧 v_L の過渡応答は，図 B.2 に示すように，時間 t に対して指数
関数的に変化する．指数関数的に変化する場合は，時間に対する変化の目安を表す
ものとして時定数が定義されている．

RL 直列回路の場合は，電流 i と端子電圧 v_L の式の中の指数関数 $e^{-\frac{R}{L}t}$ の指数係
数（R/L）の逆数である

$$\tau = \frac{L}{R} \tag{B.17}$$

が時定数になる．時定数は時間の次元をもち，単位は $R\,[\Omega]$，$L\,[\mathrm{H}]$ とすると $\tau\,[\mathrm{s}]$
になる．

式 (B.15) で，$I = E/R$ とおいて電流 i を規格化すると

$$\frac{i}{I} = 1 - e^{-\frac{R}{L}t} \tag{B.18}$$

となり，これをグラフにすると，図 B.3 に示す過渡応答になる．縦軸の最終値（最
大値）は，$i/I = 1$ となる．

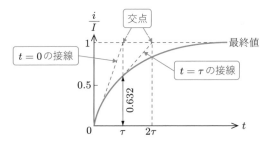

図 B.3 規格された i/I の過渡応答

ここで，$t = \tau$ とすると，

$$\frac{i}{I} = 1 - e^{-\frac{R}{L}t} = 1 - e^{-\frac{R}{L}\cdot\frac{L}{R}} = 1 - e^{-1} = 0.632 \tag{B.19}$$

が得られる．すなわち，図 B.3 の過渡応答で，時間 $t = \tau$ のときの i/I の値が 0.632
になる．これは，$i = 0.632I$ であることから，最終値 I の 63.2% であることを意
味する．このことから，**時定数は，最終値の 63.2% になる時間である**と定義する
ことができる（漸次減少する現象の場合は初期値の 63.2% になる時間を時定数と
定義する）．

なお，時定数 τ は作図で求めることもできる．過渡応答の曲線上の任意の点から接線を引き，このとき任意の点から接線が最終値と交わるまでの時間が時定数 τ になる．

B.2 RC 直列回路

B.2.1 回路方程式

図 B.4 の回路において，時刻 $t = 0$ でスイッチ S を閉じ，直流電圧 E を加えたときに回路に流れる電流 i，抵抗の端子電圧 v_R とキャパシタの端子電圧 v_C，キャパシタに蓄積される電荷量 q の時間的な変化を調べよう．ただし，スイッチ S を閉じるまでにキャパシタに電荷は蓄えられていないとする．

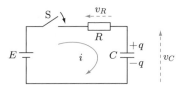

図 B.4　RC 直列回路

キルヒホッフの第 2 法則から

$$v_R + v_C = E \tag{B.20}$$

となる．ここで，抵抗の端子電圧は $v_R = Ri$ なので，式 (B.20) は

$$Ri + v_C = E \tag{B.21}$$

となる．

一方，キャパシタ C に蓄えられている電荷量を q とすると，端子電圧 v_C と電荷量 q との間には，

$$q = Cv_C \quad \text{または} \quad v_C = \frac{q}{C} \tag{B.22}$$

の関係が成り立つ．

キャパシタ C に電流が流れると，電流は電荷量として蓄積される．これを式で表すと，

$$q = \int_0^t i \, dt + q_0 \tag{B.23}$$

となる．ここで，q_0 は $t = 0$ のときの初期電荷である．これは q の初期値を意味し，スイッチ S を閉じる前からキャパシタ C に蓄積されていた電荷を指す．

式 (B.23) を式 (B.22) に代入すると，

$$v_C = \frac{1}{C} \int_0^t i \, dt + \frac{q_0}{C} = \frac{1}{C} \int_0^t i \, dt + v_0 \tag{B.24}$$

が得られる．ここで，$v_0 = q_0/C$ は $v_C(t)$ の初期値である．式 (B.24) の両辺を微分すると，

$$\frac{dv_C}{dt} = \frac{1}{C} i \quad \text{すなわち} \quad i = C \frac{dv_C}{dt} \tag{B.25}$$

が得られる．

式 (B.25) を式 (B.21) に代入すると，

$$RC \frac{dv_C}{dt} + v_C = E \tag{B.26}$$

となり，端子電圧 v_C に関する回路方程式が得られる．

さらに，式 (B.26) に式 (B.22) の v_C を代入すると，

$$RC \frac{d}{dt} \left(\frac{q}{C} \right) + \frac{q}{C} = E \quad \text{すなわち} \quad RC \frac{dq}{dt} + q = CE \tag{B.27}$$

となり，電荷 q に関する回路方程式が得られる．

また，式 (B.24) で初期値 $v_0 = q_0/C = 0$（キャパシタの初期電荷 $q_0 = 0$）とおいて，これを式 (B.21) に代入すると，

$$Ri + \frac{1}{C} \int_0^t i \, dt = E \tag{B.28}$$

となり，電流 i に関する回路方程式が得られる．

B.2.2 古典的解法

式 (B.26) の端子電圧 v_C に関する回路方程式を古典的解法で解いていこう．

Step 1 定常解

スイッチ S を閉じた後の定常状態では，キャパシタ C には十分電荷が蓄えられ

るので，端子電圧 v_C の変化はないとみなせる．すなわち，式 (B.26) で $\dfrac{dv_C}{dt} = 0$
とすると，

$$v_C = E \tag{B.29}$$

が得られる．

Step 2　過渡解

　過渡解を求める定石に従って，式 (B.26) の右辺を 0 と置く．

$$RC\frac{dv_C}{dt} + v_C = 0 \tag{B.30}$$

RL 直列回路で説明した公式 (B.11) を用いると，

$$v_C = Ae^{-\frac{1}{RC}t} \tag{B.31}$$

が得られる．ただし，A は定数である．

Step 3　一般解

　一般解は，式 (B.28) の定常解と式 (B.31) の過渡解の和である．

$$v_C = E + Ae^{-\frac{1}{RC}t} \tag{B.32}$$

Step 4　特殊解

　初期条件は，時刻 $t = 0$ で $v_0 = 0$（キャパシタ C の初期電荷 $q_0 = 0$）であるの
で，この条件を式 (B.32) に代入すると，

$$0 = E + Ae^{-\frac{1}{RC} \cdot 0} \tag{B.33}$$

から

$$A = -E \tag{B.34}$$

が得られる．したがって，特殊解は，

$$v_C = E - Ee^{-\frac{1}{RC}t} = E\left(1 - e^{-\frac{1}{RC}t}\right) \tag{B.35}$$

となる．

　電流 i は，式 (B.25) に式 (B.35) を代入して得られる．

$$i = C \frac{dv_C}{dt}$$

$$= C \frac{d}{dt} \left\{ E \left(1 - e^{-\frac{1}{RC}t} \right) \right\} = -CE \frac{d}{dt} e^{-\frac{1}{RC}t} = -CE \frac{1}{(-RC)} e^{-\frac{1}{RC}t}$$

$$= \frac{E}{R} e^{-\frac{1}{RC}t} \tag{B.36}$$

電荷 q は，式 (B.22) に式 (B.35) を代入して得られる．

$$q = Cv_C = CE \left(1 - e^{-\frac{1}{RC}t} \right) \tag{B.37}$$

抵抗 R の端子電圧 v_R は，$v_R = Ri$ に式 (B.36) を代入して得られる．

$$v_R = Ri = R \frac{E}{R} e^{-\frac{1}{RC}t} = E e^{-\frac{1}{RC}t} \tag{B.38}$$

得られた端子電圧 v_C と v_R の過渡応答を図 B.5(a) に，電流 i の過渡応答を図 (b) に，電荷 q の過渡応答を図 (c) に示す．

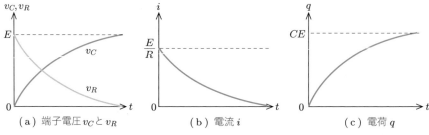

(a) 端子電圧 v_C と v_R　　　(b) 電流 i　　　(c) 電荷 q

図 B.5　RC 直列回路の過渡応答

演習問題解答

1.1 回路の節点 P にキルヒホッフの第 1 法則を適用する.

$$I_1 + I_2 + I_3 = 0 \tag{1}$$

次に,左右の閉回路について,キルヒホッフの第 2 法則を適用する.

$$左側の閉回路:10 - 5 = 6I_1 - I_3 \tag{2}$$

$$右側の閉回路:5 = -2I_2 + I_3 \tag{3}$$

式 (1) から $I_3 = -(I_1 + I_2)$ とし,これを式 (2) と式 (3) に代入する.

$$5 = 6I_1 - I_3 = 6I_1 + (I_1 + I_2) = 7I_1 + I_2 \tag{4}$$

$$5 = -2I_2 + I_3 = -2I_2 - (I_1 + I_2) = -I_1 - 3I_2 \tag{5}$$

両式より消去法により I_1 を求める.式 (4)×3+ 式 (5)×1 とすると

$$
\begin{array}{r}
15 = 21I_1 + 3I_2 \\
+) \quad 5 = -I_1 - 3I_2 \\
\hline
20 = 20I_1
\end{array}
$$

となり,これより

$$I_1 = 1\,[\mathrm{A}]$$

が得られる.これを式 (2) に代入すると

$$I_3 = 1\,[\mathrm{A}]$$

となり,さらに,式 (3) より

$$I_2 = -2\,[\mathrm{A}]$$

が得られる.これらの電流値は,例題 1.4 の網目電流法により得られた値と一致する.

1.2 抵抗 R を取り除いた回路を解図 1.1(a) に示す.解図 (a) の a-b 間から左側の回路部分を電流源に等価変換すると,解図 (b) のようになる.この回路で電流源と並

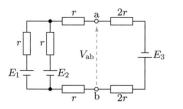

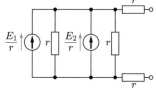

（a）抵抗 R を取り除いた回路 　（b）左側を電流源に等価変換する

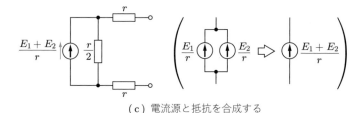

（c）電流源と抵抗を合成する

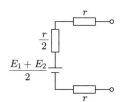

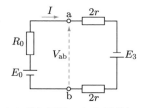

（d）電圧源に等価変換する 　　（e）等価電源 E_0 と内部抵抗 R_0
　　　　　　　　　　　　　　　　　 の回路に置き換える

解図 1.1

列抵抗を合成し（解図 (c)），電圧源の回路に戻すと解図 (d) のようになる．したがって，a-b 間からみた左側の回路部分は，等価電源 $E_0 = \dfrac{E_1 + E_2}{2}$ と内部抵抗 $R_0 = \dfrac{r}{2} + 2r = \dfrac{5}{2}r$ の回路に置き換えることができる（解図 (e)）．

電流 I を求めると，

$$E_0 + E_3 = R_0 I + 2rI + 2rI$$

より

$$\frac{E_1 + E_2}{2} + E_3 = \frac{5}{2}rI + 2rI + 2rI$$

$$\frac{E_1 + E_2 + 2E_3}{2} = \frac{13}{2}rI$$

$$I = \frac{E_1 + E_2 + 2E_3}{13r}$$

となるので，a-b 間の端子電圧 V_{ab} は

$$V_{ab} = E_0 - R_0 I = \frac{E_1 + E_2}{2} - \frac{5}{2}r\frac{E_1 + E_2 + 2E_3}{13r} = \frac{4(E_1 + E_2) - 5E_3}{13}$$

となる.

鳳・テブナンの定理から,回路の電圧源を短絡したときの a-b 間からみた合成抵抗を R_{ab} とすると

$$R_{ab} = \frac{R_0 \times 4r}{R_0 + 4r} = \frac{(5/2)r \times 4r}{(5/2)r + 4r} = \frac{20}{13}r$$

となる.したがって,抵抗 R を流れる電流 I_{ab} は

$$I_{ab} = \frac{V_{ab}}{R + R_{ab}} = \frac{\{4(E_1 + E_2) - 5E_3\}/13}{R + (20/13)r} = \frac{4(E_1 + E_2) - 5E_3}{13R + 20r}$$

となる.

CHAPTER 2

2.1 (1) 実効値は $V_{RMS} = 100$ であるので,最大値は $V_m = 100\sqrt{2}$ となる.また,初期位相は $\theta_v = \pi/3$ であるので,電圧の瞬時値 v は

$$v = 100\sqrt{2}\sin\left(\omega t + \frac{\pi}{3}\right)$$

となる.
(2) 分母 $1 + j\sqrt{3}$ と分子 $1 + j$ をそれぞれ極表示にする.式 (2.24), 式 (2.25) より

$$1 + j\sqrt{3} = 2\left(\cos\frac{\pi}{3} + j\sin\frac{\pi}{3}\right) = 2e^{j\pi/3}$$

$$1 + j = \sqrt{2}\left(\cos\frac{\pi}{4} + j\cos\frac{\pi}{4}\right) = \sqrt{2}e^{j\pi/4}$$

となるので,

$$V = \frac{1 + j}{1 + j\sqrt{3}} = \frac{\sqrt{2}e^{j\pi/4}}{2e^{j\pi/3}} = \frac{1}{\sqrt{2}}e^{j(\pi/4 - \pi/3)} = \frac{1}{\sqrt{2}}e^{-j\pi/12}$$

となり,$V_m = \sqrt{2}V_{RMS} = \sqrt{2} \times (1/\sqrt{2}) = 1$ から,瞬時値は

$$v = \sin\left(\omega t - \frac{\pi}{12}\right)$$

となる.
(3) 最大値 $V_m = 2\sqrt{2} \times \sqrt{2} = 4$, 初期位相 $\theta_v = -\pi/3$ なので,電圧の瞬時値 v は

$$v = 4\sin\left(\omega t - \frac{\pi}{3}\right)$$

となる.

2.2　抵抗のインピーダンスは R，インダクタのインピーダンスは $j\omega L$，キャパシタのインピーダンスは $1/j\omega C$ なので，合成インピーダンス Z は，図 2.20 に示すように，

$$Z = R + j\omega L + \frac{1}{j\omega C} = R + j\left(\omega L - \frac{1}{\omega C}\right)$$

合成インピーダンスの大きさ $|Z|$ は

$$|Z| = \sqrt{R^2 + \left(\omega L - \frac{1}{\omega C}\right)^2}$$

となる．

　インダクタ L のリアクタンス X_L がキャパシタ C のリアクタンス X_C よりも大きい場合（$X_L > X_C$）は，$\omega L - 1/\omega C > 0$（虚数部が正）となるので，$Z$ の複素ベクトルは解図 2.1(a) のようになる．

　逆に，$X_L < X_C$ の場合は，$\omega L - 1/\omega C < 0$（虚数部が負）となるので，$Z$ の複素ベクトルは解図 (b) のようになる．

　$X_L = X_C$ の場合は，$\omega L - 1/\omega C = 0$（虚数部が 0）となるので，$Z = R$ となり，複素ベクトルは解図 (c) のようになる．

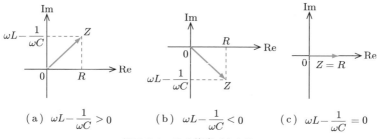

（a）$\omega L - \dfrac{1}{\omega C} > 0$　　　（b）$\omega L - \dfrac{1}{\omega C} < 0$　　　（c）$\omega L - \dfrac{1}{\omega C} = 0$

解図 2.1　Z の複素ベクトル

CHAPTER 3

3.1　ア $\to$ ②，イ $\to$ 2，ウ $\to$ 4
(1) 問図 3.1 において，巻数 N のコイルに磁石を近付け，貫通する磁束の変化が $\Delta\Phi$ であるとき，ファラデーの電磁誘導の法則より，コイルに発生する電磁誘導電圧 e は，磁束の時間変化 Δt に比例し，

$$e = -N\frac{\Delta\Phi}{\Delta t}$$

で与えられる（☞A.5 節）．負符号は磁束の変化を妨げる方向に電磁誘導電圧が発生することを意味する．コイルに流れる誘導電流の向きはアンペールの右ねじの法則に従う．解図 3.1 に示すように，磁束の変化を妨げる方向（図の右方向）に磁束が

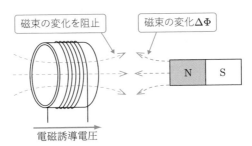

解図 3.1　磁束の変化を妨げる方向に磁束が発生する

発生するように誘導電流は流れるので，コイルを流れる電流は②の方向となる．

(2) 磁束鎖交数の変化は $N\Delta\Phi$ であるので，

$$N\Delta\Phi = 200 \times 10 \times 10^{-3} = 2\,[\mathrm{Wb}]$$

となる．

(3) 電磁誘導電圧の大きさは，

$$e = N\frac{\Delta\Phi}{\Delta t} = 200 \times \frac{10 \times 10^{-3}}{0.5} = 4\,[\mathrm{V}]$$

となる．

3.2　式 (3.20) から，近似的等価回路におけるインピーダンス Z_1 は

$$Z_1 = n^2 Z_2 = 33^2 \times 10\left(\sqrt{3} + j\right) = 18.9 + j10.9\,[\mathrm{k\Omega}]$$

1 次側の電流 I_1 は，

$$I_1 = \frac{V_1}{Z_1} = \frac{6.6}{18.9 + j10.9} = \frac{6.6 \times (18.9 - j10.9)}{(18.9 + j10.9)(18.9 - j10.9)}$$

$$= 262 - j151\,[\mathrm{mA}]$$

となる（複素数の有理化を用いる）．

3.3　電源の角周波数を $\omega\,[\mathrm{rad/s}]$ ($= 2\pi f$) とすると，静電容量 $C\,[\mathrm{F}]$ のリアクタンスは $X_C = 1/\omega C$ となる．回路のインピーダンス Z は，

$$Z = R - jX_C\,[\Omega]$$

大きさ $|Z|$ は

$$|Z| = \sqrt{R^2 + X_C^2}$$

となる．

題意より，周波数 $50\,[\mathrm{Hz}]$ の交流電圧 $100\,[\mathrm{V}]$ の電源を接続したときに $20\,[\mathrm{A}]$ の電

流が流れたので，オームの法則 $V = ZI$ より

$$100 = \sqrt{4^2 + X_C^2} \times 20 \quad \rightarrow \quad 5 = \sqrt{4^2 + X_C^2} \quad \rightarrow \quad 25 = 16 + X_C^2$$

これより，$X_C^2 = 9$ となるので，

$$X_C = 3\,[\Omega]$$

が得られる．

周波数が $f' = 60\,[\mathrm{Hz}]$ $(\omega' = 2\pi f'\,[\mathrm{rad/s}])$ のときのリアクタンスを X_C' とすると，

$$\frac{X_C'}{X_C} = \frac{1/\omega' C}{1/\omega C} = \frac{f}{f'}$$

となり，$X_C = 3$ と周波数 f，f' の値を代入すると

$$\frac{X_C'}{3} = \frac{50}{60} \quad \text{つまり} \quad X_C' = 2.5\,[\Omega]$$

が得られる．

したがって，周波数 $60\,[\mathrm{Hz}]$ の電源を接続したとき，RC 回路に流れる電流 I' は

$$I' = \frac{V}{\sqrt{R^2 + X_C'}} = \frac{100}{\sqrt{4^2 + 2.5^2}} = 21.2\,[\mathrm{A}]$$

となる．

CHAPTER 4 ───

4.1 (1) 誤り，(2) 正しい，(3) 誤り，(4) 誤り，(5) 誤り．

(1) ゲルマニウム（Ge）およびシリコン（Si）は単元素の半導体であり，インジウムリン（InP）やガリウムヒ素（GaAs）は化合物半導体である．

(2) 半導体は電子または正孔といったキャリアが動くことにより電流が流れるので，拡散電流の大きさはそのキャリアの濃度勾配にほぼ比例する．

(3) 真性半導体に不純物を加えるとキャリアの濃度が変わり，電流が流れやすくなるため，抵抗率は低下する．

(4) 真性半導体に外部から光や熱といったエネルギーを加えると，図 4.4(b) のエネルギーバンド図のバンドギャップ E_g を飛び越えて電子が価電子帯から伝導帯に励起され，その結果，自由電子，自由正孔が生成され，電流が流れやすくなる．

(5) 半導体に電界を加えると，電界の大きさに比例したドリフト電流とよばれる電流が流れる．キャリアが電界方向に移動する平均速度 $v_D\,[\mathrm{cm/s}]$ は，電界の強さ $E\,[\mathrm{V/cm}]$ に比例し，次式で定義される．

$$v_D = \mu E \quad \text{ただし，} \mu : \text{移動度} \, [\mathrm{cm}^2/(\mathrm{V \cdot s})]$$

電流にはドリフト電流と拡散電流があり，ドリフト電流とは電界をかけたときに流れる電流で，拡散電流とはキャリア密度の高いところからキャリア密度の低いところへ流れる，すなわち濃度勾配により流れる電流のことである．

4.2　（ア）半周期，（イ）平滑コンデンサ，（ウ）脈動の少ない，（エ）電圧源，（オ）パルス状の．

　全波整流の入力電圧波形，整流後の電圧波形，整流平滑後の電圧波形を表 4.2 に示している．表のように，平滑コンデンサを接続しない場合は，半周期ごとに 0 が現れる脈動する波形となる．平滑コンデンサを接続することにより脈動が軽減される．コンデンサの静電容量が大きくなると平滑後の電圧波形のリプル率は小さくなり，直流電圧波形により近づく．

CHAPTER 5 ————————————————————————————

5.1　V_{CC}–R_L–V_{CE} の閉回路で，キルヒホッフの法則より，

$$V_{CC} = V_{CE} + R_L I_C$$

が成り立つ．ここで，問図 5.1(b) の直流負荷線から，$I_C = 0\,[\mathrm{mA}]$ のとき $V_{CE} = 9\,[\mathrm{V}]$ であるから，これを上式に代入すると，

$$V_{CC} = 9 + R_L \times 0 = 9\,[\mathrm{V}] \tag{1}$$

となる．

　次に，V_{CC}–R_B–V_{BE} の閉回路で，キルヒホッフの法則より，

$$V_{CC} = R_B I_B + V_{BE}$$

が成り立つ．題意より V_{BE} は無視できるので，

$$V_{CC} = R_B I_B \tag{2}$$

と近似できる．

　動作点が $V_{CE} = 4.5\,[\mathrm{V}]$ であるので，このときのベース電流 I_B は出力特性と直流負荷線の交点より

$$I_B = 6\,[\mathrm{\mu A}] \tag{3}$$

となる．式 (1)，式 (3) を式 (2) に代入すると

$$9 = R_B \times 6 \times 10^{-6}$$

となり，これより

$$R_B = \frac{9}{6 \times 10^{-6}} = 1.5 \times 10^6 = 1.5\,[\mathrm{M\Omega}]$$

が得られる.

5.2 (2) の記述が誤り. バイポーラトランジスタは電流制御型素子（電流駆動型素子）で, FET は電圧制御型素子（電圧駆動型素子）である.

5.3 (4) の記述が誤り. MOS 形のエンハンスメント形は, ノーマリオフの動作で, ゲート電圧が加わらないとチャネルが形成されない.

CHAPTER 6

6.1 問図 6.1 は非反転増幅回路であり, 入出力の関係は式 (6.13) で与えられている. 与えられた数値を代入すると,

$$V_\mathrm{o} = \left(1 + \frac{R_2}{R_1}\right) V_\mathrm{i} = \left(1 + \frac{20}{10}\right) \times 1 = 3\,[\mathrm{V}]$$

が得られる.

6.2 問図 6.2 は反転増幅回路であり, 入出力の関係は式 (6.9) で与えられている. 与えられた数値を代入すると,

$$V_\mathrm{o} = -\frac{R_2}{R_1} V_\mathrm{i} = -\frac{40}{10} \times 2 = -8\,[\mathrm{V}]$$

が得られ, 位相が反転する.

6.3 問図 6.3 の各部の電圧と電流の関係は, 理想的な OP アンプの条件から解図 6.1 のようになる. OP アンプの入力端子間電圧が $V_\mathrm{S} = 0$ であることから, 反転入力端子の電圧は 5 [V] になる. 入力抵抗 10 [kΩ] にかかる電圧は $5 - 4 = 1\,[\mathrm{V}]$ より, 電流は

$$\frac{1\,[\mathrm{V}]}{10\,[\mathrm{k\Omega}]} = 0.1\,[\mathrm{mA}]$$

となる. 帰還抵抗にも 0.1 [mA] が流れるので, 帰還抵抗の端子電圧は

$$10\,[\mathrm{k\Omega}] \times 0.1\,[\mathrm{mA}] = 1\,[\mathrm{V}]$$

となる.

　これより出力電圧 V_o は, キルヒホッフの第 2 法則から

$$5 + 1 = 6\,[\mathrm{V}]$$

となる.

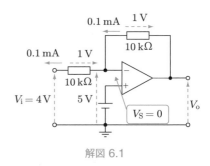

解図 6.1

7.1 論理式は，NOT ゲート，OR ゲート，AND ゲートの論理動作を順に追って確認していくと，

$$Y = A \cdot (\overline{A} + B)$$

となる．

　ここで，論理式について下記の公式（補元の法則）がある（覚えておくと便利である）．

$$A \cdot \overline{A} = 0$$

これは以下のように簡単に確かめられる．仮に A が「1」ならば $\overline{A}$ は「0」である．常に逆のものとの論理積をとれば，どちらかが必ず「0」であるので，全体として「1」になりようがない．したがって結果は常に「0」となる．

$$A + \overline{A} = 1$$

こちらも，常に逆のものどうしの論理和は，どちらかが必ず「1」であるので，全体としては常に「1」となることにより確かめられる．

　以上より，上記の Y の論理式は

$$Y = A \cdot (\overline{A} + B) = A \cdot \overline{A} + A \cdot B = A \cdot B$$

となり，AND 回路と等価になる．真理値表は表 7.2 と同じになる．

7.2 $B \cdot C$ は AND ゲートで，$A + B \cdot C$ は A と $B \cdot C$ の OR ゲートで構成されるので，全体の論理回路は解図 7.1 のようになる．

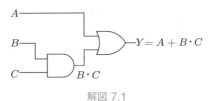

解図 7.1

索引

著者略歴

臼田昭司（うすだ・しょうじ）

1975 年　北海道大学大学院工学研究科 修了　工学博士
　　　　　東京芝浦電気（株）（現 東芝）などで研究開発に従事
1994 年　大阪府立工業高等専門学校総合工学システム学科・専攻科 教授
2008 年　大阪府立工業高等専門学校地域連携テクノセンター・産学交流室長
　　　　　光触媒工業会特別会員
　　　　　華東理工大学（上海）客員教授
　　　　　山東大学（済南）客員教授
2013 年　ホーチミン工科大学（ベトナム）客員教授
　　　　　第 61 回電気科学技術奨励賞（旧 オーム技術賞）　受賞
2014 年　大阪電気通信大学 客員教授
　　　　　立命館大学理工学部 兼任講師
2020 年　マンダレー工科大学（ミャンマー）客員教授
　　　　　法政大学大学院気候変動・エネルギー政策研究所 特任研究員
　　　　　現在に至る

よくわかる 電気・電子回路

2024 年 5 月30 日　第 1 版第 1 刷発行

著者　　　臼田昭司

編集担当　藤原祐介（森北出版）
編集責任　富井　晃（森北出版）
組版　　　ウルス
印刷　　　丸井工文社
製本　　　同

発行者　　森北博巳
発行所　　森北出版株式会社
　　　　　〒102-0071　東京都千代田区富士見 1-4-11
　　　　　03-3265-8342（営業・宣伝マネジメント部）
　　　　　https://www.morikita.co.jp/

ISBN978-4-627-73701-3